10
1972

Faserforschung und Textiltechnik

WISSENSCHAFTLICH-TECHNISCHE ZEITSCHRIFT FÜR DIE CHEMIEFASER- UND TEXTILINDUSTRIE

AKADEMIE-VERLAG BERLIN

Faserforsch. u. Textiltechnik • 23. Jahrg. • Heft 10 • Seiten 415–456 • Berlin im Oktober 1972
FSTXA7 23 (10) 415–456 (1972) Preis: 15,– M • Sonderpreis DDR: 9,– M

DK 678.675'126:66.095.26:541.127.1:541.124:541.126.2:546.183–325

Reinisch, Gerhard, und *Gohlke, Ulrich*

Vergleichende Untersuchungen über Verlauf und Mechanismus phosphorsäurekatalysierter Caprolactampolymerisationen. Teil 1

Faserforsch. u. Textiltechnik **23** (1972) 10, S. 415–420. 5 Abb., 1 Tab., 30 Lit.

Die Caprolactampolymerisation verläuft mit Cyclohexylammoniumdihydrogenphosphat rascher als mit äquimolaren Mengen ε-Aminocapronsäure als Initiator. Als Ursache konnte eine höhere Wachstumszentrenkonzentration – bedingt durch Dehydratation der Phosphorsäure – durch Chromatographie und Endgruppentitration nachgewiesen werden. Bei Polymerisation mit äquivalenten Konzentrationen basischer Endgruppen sind die Monomerenanlagerungsraten mit Phosphorsäure bzw. Carboxylgruppen als Lactamanlagerungskatalysatoren annähernd gleich.

DK 677.21(62):677.08:661.728.312:542.938:677.027

Abou-State, M. Amine, und *Abd El-Megeid, Fouad F.*

Die Wirkung einiger chemischer Behandlungen auf die Eigenschaften gereinigter ägyptischer Baumwollabfallfasern

Faserforsch. u. Textiltechnik **23** (1972) 10, S. 435–438. 27 Tab., 11 Lit.

Durch alkalischen Aufschluß mit Vorhydrolyse wurden aus ägyptischen Baumwollabfallfasern Chemiezellstoffe erhalten. Vorhydrolyse und Zellstoffkochung konnten sowohl unter Atmosphärendruck als auch unter hohem Druck durchgeführt werden. Der leicht erhöhte Asche- und SiO_2-Gehalt bei Kochung unter Atmosphärendruck wurde durch Anwendung einer Heißveredlung in der zweiten Bleichstufe herabgesetzt. Diese Behandlung verbessert die submikroskopischen und physikalischen Eigenschaften der Fasern und erhöht ihre Reaktivität gegenüber der Xanthogenierung. Die Wirkung der Heißveredlung bei Kochung unter erhöhtem Druck und unter Normaldruck wird verglichen.

DK 678.675'126:66.095.26:541.127.1:541.124:541.126.2:546.183–325:547.241

Gohlke, Ulrich, und *Reinisch, Gerhard*

Vergleichende Untersuchungen über Verlauf und Mechanismus phosphorsäurekatalysierter Caprolactampolymerisationen. Teil 2

Faserforsch. u. Textiltechnik **23** (1972) 10, S. 421–424. 3 Abb., 1 Tab., 11 Lit.

Verlauf und Vorschläge zum Mechanismus von Caprolactampolymerisationen mit den Cyclohexylammoniumsalzen von H_3PO_4, Diphenylphosphinsäure und HCl und mit den Amidiniumsalzen aus 2-Azacyclohepten-1-yl-2-aminocyclohexan und H_3PO_4 bzw. HCl als Initiatoren werden beschrieben und diksutiert.

DK 677.4–486.2:677.021.125.27:677.021.125.1:677.017.314

Terrier, François

Über die Gleichmäßigkeit der Feinheit von endlos schmelzersponnenen Fäden – Einfluß des Spinnaggregats

Faserforsch. u. Textiltechnik **23** (1972) 10, S. 438–445. 5 Abb.

Der Einfluß des Spinnaggregats auf die Gleichmäßigkeit der Feinheit von Filamenten wird untersucht. Theoretische Gleichungen werden entwickelt, die bei einer Verstopfung der Düsenfilter oder bei einem Filterwechsel den Einfluß des Durchsatzes der Spinnpumpe und der Förderpumpe beim Direktspinnen sowie den Einfluß der Anzahl der Spinnstellen wiedergeben. Ebenso wird die Anwendung des Extruders betrachtet. Die Vorteile der Druckregelung vor dem Verteiler werden hervorgehoben, und der quantitative Einfluß des Durchsatzes der Spinnpumpe wird untersucht.

DK 677.21:661.728:677.463:539.388.8:541.8:677.014.842

Hampe, Heinz, Philipp, Burkart, und *Baudisch, Josef*

Vergleichende Untersuchungen zum Quell- und Löseverlauf von Cellulosefasern in verschiedenen Medien
Teil I. Übersicht über die experimentellen Ergebnisse

Faserforsch. u. Textiltechnik **23** (1972) 10, S. 425–434. 27 Abb., 9 Tab., 9 Lit.

Ausgehend von umfangreichen Untersuchungen zum Verhalten von morphologisch stark unterschiedlichem Cellulosematerial – Baumwolle, Zellstoff, Regeneratfasern – gegenüber sauren und alkalischen wäßrigen Quell- bzw. Lösemitteln wird ein systematischer Vergleich der Quell- und Lösewirkung der einzelnen Systeme vorgenommen, wobei zur Charakterisierung insbesondere die mikroskopische Verfolgung des Quell- und Lösevorganges, die quantitative Bestimmung des zeitlichen Verlaufes der Auflösung sowie die Verfolgung des zeitlichen Verlaufes der Längenänderung unter Belastung herangezogen werden.

Kurze Mitteilungen

DK 676.174:661.728.2:542.938:581.4:576.3

Jacopian, Vazgen, und *Paul, Dieter*

Morphologische Untersuchungen an Bagasse und ihren Aufschlußprodukten

Faserforsch. u. Textiltechnik **23** (1972) 10, S. 446–447. 4 Abb., 4 Lit.

DK 677.494[Bikomp.]:678.745.32:678.744.72:677.021.125.26–913.3:677.021.125.261

Hartig, Siegfried, Peters, Werner, und *Berger, Werner*

Polyvinylalkohol enthaltende Polyacrylnitrilfaserstoffe

Faserforsch. u. Textiltechnik **23** (1972) 10, S. 447–448. 3 Tab., 7 Lit.

Die Zeitschrift „Faserforschung und Textiltechnik" erscheint monatlich in Heften zu 48 Textseiten im Format A 4. Der Preis für das Einzelheft beträgt M 15,— (Sonderpreis für DDR M 9,—), für den Vierteljahresbezug M 45,— (Sonderpreis für DDR M 27,—), zuzügl. Bestellgeld. Die Berechnung erfolgt zu Beginn eines Vierteljahrs für 3 Hefte. Bestellungen aus dem Gebiet der Deutschen Demokratischen Republik an ein Postamt, eine Buchhandlung oder den Verlag, aus der Deutschen Bundesrepublik an eine Buchhandlung oder die Auslieferungsstelle Kunst und Wissen, Erich Bieber, 7 Stuttgart 1, Wilhelmstraße 4—6, aus dem Ausland an eine Importbuchhandlung, den Deutschen Buch-Export und -Import GmbH., 701 Leipzig, Postschließfach 276, oder den Akademie-Verlag GmbH., 108 Berlin, Leipziger Str. 3—4 (Fernruf: 220441; Telex-Nr. 0112020; Postscheckkonto 35021) erbeten. Bestellnummer dieses Heftes: 1014/23/10. Alleinige Anzeigenannahme DEWAG-WERBUNG, 1054 Berlin, Wilhelm-Pieck-Str. 49, und alle DEWAG-Betriebe in den Bezirksstädten der DDR. — Bestellungen in der UdSSR nehmen entgegen: Städtische Abteilungen von „SOJUZPECHATJ" bzw. Postämter und Postkontore.

Herausgeber und verantwortlich für den Inhalt: Prof. Dr. Dr. Erich Correns, Institut für Polymerenchemie der Akademie der Wissenschaften der DDR zu Berlin, 153 Teltow-Seehof, Fernruf: Teltow 4831; Prof. Dr.-Ing. habil. Wolfgang Bobeth, Institut für Technologie der Fasern der Akademie der Wissenschaften der DDR zu Berlin, 801 Dresden, Hohe Str. 6, Fernruf: 44721; Prof.-Dr. Ing. Hans Böhringer, Rudolstadt; Prof. Dr. Hermann Klare, Prof. Dr. habil. Burkart Philipp und Dr. habil. Christian Ruscher, Institut für Polymerenchemie der Akademie der Wissenschaften der DDR zu Berlin, 153 Teltow-Seehof, Fernruf: Teltow 4831. Schriftleiter: Joachim Brämer und Dipl.-Chem. Ingeborg Ruscher, 153 Teltow-Seehof, Kantstr. 55. Verlag: Akademie-Verlag GmbH., 108 Berlin, Leipziger Str. 3—4, Satz und Druck: Druckhaus „Maxim Gorki", 74 Altenburg. — Veröffentlicht unter der Lizenznummer 1280 des Presseamtes beim Vorsitzenden des Ministerrates der Deutschen Demokratischen Republik.

Manuskriptsendungen sind an einen der Herausgeber oder die Schriftleitung zu richten. Für Inhalt und Form gelten die „Richtlinien für die Annahme und Abfassung von Beiträgen", erhältlich von der Schriftleitung. Die Verfasser größerer wissenschaftlicher Arbeiten erhalten außer dem Honorar ein Heft und 50 Sonderdrucke ihrer Arbeit unentgeltlich. Nachdrucke sowie Übersetzungen in fremde Sprachen des Inhalts dieser Zeitschrift und deren Verbreitung — auch auszugsweise mit Quellangabe — bedürfen der schriftlichen Vereinbarung mit dem Verlag.

Faserforschung und Textiltechnik

WISSENSCHAFTLICH-TECHNISCHE ZEITSCHRIFT FÜR DIE CHEMIEFASER- UND TEXTILINDUSTRIE

Band 23 Oktober 1972 Heft 10

Vergleichende Untersuchungen über Verlauf und Mechanismus phosphorsäurekatalysierter Caprolactampolymerisationen[1][2]

Teil 1

Gerhard Reinisch und Ulrich Gohlke

Deutsche Akademie der Wissenschaften zu Berlin, Institut für Polymerenchemie in Teltow-Seehof, Abt. Polykondensate

DK 678.675'126:66.095.26:541.127.1:541.124:541.126.2:546.183—325

Die Caprolactampolymerisation verläuft mit Cyclohexylammoniumdihydrogenphosphat rascher als mit äquimolaren Mengen ε-Aminocapronsäure als Initiator. Als Ursache konnte eine höhere Wachstumszentrenkonzentration — bedingt durch Dehydratation der Phosphorsäure — durch Chromatographie und Endgruppentitration nachgewiesen werden. Bei Polymerisationen mit äquivalenten Konzentrationen basischer Endgruppen sind die Monomerenanlagerungsraten mit Phosphorsäure bzw. Carboxylgruppen als Lactamanlagerungskatalysatoren annähernd gleich.

Сравнительное изучение прохождения и механизма реакций полимеризации капролактама, катализируемых фосфорной кислотой

Часть 1

Полимеризация капролактама при применении дифосфата циклогексиламмония в качестве инициатора проходит быстрее, чем при применении эквимолярного количества ε-аминокапроновой кислоты. Причина заключается в повышенной концентрации центров роста, обуславливаемой дегидратацией фосфорной кислоты, что смогло быть доказано хроматографическим путем, а также титрованием концевых групп. При наличии эквивалентных концентраций концевых групп основного характера, скорость присоединения лактама оказывается примерно одинаковой как в присутствии фосфорной кислоты, так и в присутствии карбоксильных групп.

Comparative Investigations on the Kinetics and Mechanism of the Polymerization of Caprolactam Catalyzed by Phosphorous Acid

Part 1

The polymerization process of caprolactam was found to be faster with cyclohexylammoniumdihydrogenphosphate than with equimolar amounts of ε-aminocapronic acid as initiator. This is attributed to higher concentration of propagation centres caused by dehydration of phosphoric acid, as shown by chromatography and end group titration. In the polymerization with equivalent concentrations of basic end groups the addition rates of the monomers with phosphoric acid or carboxyl groups as addition catalysts are nearly equal.

1. *Problemstellung*

Die phosphorsäurekatalysierte Polymerisation von Caprolactam scheint unter den kationischen Lactampolymerisationen wegen ihres vergleichsweise raschen Verlaufs [1 bis 4] eine Sonderstellung einzunehmen. Alle bisherigen Bearbeiter wählten allerdings als Untersuchungsobjekte Polymerisationen, bei denen Phosphorsäure als Initiator und danach als Katalysator wirksam war. *Jaeger* [5] führte orientierende Versuche über den Chemismus der Startreaktion durch. *Geleji* u. Mitarb. [3, 4, 6, 7] stellten ebenfalls Überlegungen zur Startreaktion an. Ihr Hauptaugenmerk richteten die ungarischen Autoren auf die chemische und kinetische Analyse des Polymerisationsverlaufs der durch Caprolactam-amidium-dihydrogenphosphat ausgelösten Polycaprolactambildung.

Bereits die Startreaktion der phosphorsäure-initiierten Caprolactampolymerisation dürfte aber recht komplex verlaufen. Zumindest muß man mit einem Neben- oder Nacheinander acylierender und hydrolytischer Reaktionen rechnen, an denen sich Phosphorsäure und ihr Dehydratationsprodukt Pyrophosphorsäure beteiligen werden. Zahl und Art der bei diesen Startreaktionen entstehenden Wachstumszentren sind nicht nur schwer überschaubar, sondern sicher auch analytisch schwer erfaßbar [5].

Man muß weiterhin bedenken, daß auch die Monomerenanlagerungsphase der phosphorsäure-initiierten Polymerisation [8, 9] infolge von kettenverknüpfenden Reaktionen und durch Nebenreaktionen der Ammoniumacyl-oligoaminocaproyl-caprolactame komplexen Charakter hat. Um übersichtliche Verhältnisse zu schaffen, grenzten wir daher unsere Untersuchungen auf die Analyse der Monomerenanlagerungsreaktion ein. Vorgelagerte Reaktionen wurden dadurch vermieden, daß wir einen Initiator benutzten, der die katalytisch wirksame Phosphorsäure *und* wachstumszentrenähnliche Strukturen enthält. Unsere Wahl fiel auf Cyclohexylammoniumdihydrogenphosphat ($CHA \cdot H_3PO_4$). Der p_{K_B}-Wert des hydroaromatischen Amins und der p_{K_B}-Wert der Aminogruppe der ε-Aminocapronsäure unterscheiden sich um nur 0,1 Einheiten. Für die kinetischen Analysen im Temperatur-

[1]) 13. Mitt. über Probleme der Polyamidchemie. 12. Mitt.: *Reinisch, G.*, und *Bouillon, G.*: Wiss. Z. Martin-Luther-Universität Halle—Wittenberg **21** (1972) 2, S. 77—85.

[2]) Vgl. auch Dissertation *U. Gohlke*, Humboldt-Universität Berlin 1968; Habilitationsschrift *G. Reinisch*, Martin-Luther-Universität Halle—Wittenberg 1970/71; Vortrag 1/04 IUPAC-Symposium über Makromolekulare Chemie, Budapest, August 1969.

bereich 220 bis 240 °C wählten wir eine präparativ-gravimetrische Methode [10], die es erlaubte, die Umsatzbestimmung mit Endgruppenanalysen des Polymeren zu verknüpfen. Wie wesentlich dies für wirklich kenntniserweiternde Informationen war, wird im Laufe der Ergebnisdiskussion beschrieben. Im folgenden werden ausschließlich Untersuchungen an zunächst völlig wasserfreien Systemen behandelt.

2. Experimentelle Methodik

Die Verfahrensweise der Laborpolymerisation, die Reinigung des Caprolactams und der als Initiator verwendeten ε-Aminocapronsäure (HCapOH) wurden bereits beschrieben [10].

Cyclohexylammoniumdihydrogenphosphat ($CHA \cdot H_3PO_4$)

30,6 g (0,25 mol) 80%ige Phosphorsäure werden in 200 ml getrocknetem Äther suspendiert und unter Eiskühlung mit einer Lösung von 24,8 g (0,25 mol) Cyclohexylamin in 100 ml getrocknetem Äther versetzt. Während des Zutropfens fällt das Ammoniumsalz grießförmig aus. Nachdem weitere 100 ml Äther zugesetzt sind, wird 1 h zur Vervollständigung der Fällung bei —15 °C gerührt. Die Substanz wird über eine G4-Fritte abgesaugt und mehrfach mit trockenem Äther gewaschen. Die Reinigung kann durch Umkristallisieren aus Wasser/Aceton (1:6) erfolgen.
Weiße Nadeln, die im Vakuum bei 70 °C über P_4O_{10} getrocknet werden.

Ausbeute: 46,5 g (95% d. Th.)

F (*Fischer*-Küvette) 193 bis 196 °C (Z.)

Dieser und die weiterhin angeführten Schmelzpunkte wurden auf dem Mikroheiztisch nach *Boëtius* bestimmt und sind korrigiert.

$C_6H_{16}O_4NP$ (197,13)	Ber. N: 7,11%	Gef. N: 7,08%
	P: 15,72%	P: 15,67%

Papierchromatographie der Phosphorsäuren

Untersuchungsmaterial war ein Kurzzeitpolymerisat (5 min; 240 °C ± 0,5 grd; Caprolactam : Cyclohexylammoniumdihydrogenphosphat = 5:1). Proben des Kurzzeitpolymerisates werden in Form der 1%igen wäßrigen Lösungen zur Chromatographie zweimal aufgesetzt. Die Untersuchungslösung wurde nach *Rössel* [11] neutralisiert. Als Vergleichssubstanzen dienten Natriumtetraphosphat[3]) und Natriumpyrophosphat[3]) in wäßriger Lösung. Wir verwendeten *Schleicher*-und-*Schüll*-Papier 2043 bmgl, das vor Gebrauch nach *Grunze* und *Thilo* [12] mit n/10 Salzsäure und anschließend mit dest. Wasser gewaschen wurde, bis auf dem Papier keine Säure mehr nachweisbar war. Die Form der Papierstreifen für die aufsteigende Chromatographie entspricht einem Vorschlag von *Pfrengle* [13].

Als mobile Phase bei der Chromatographie haben wir das „Methanol-Fließmittel" nach *Pfrengle* [13] benutzt: 120 ml Methanol p.A.; 30 ml einer Lösung aus 133,3 g Trichloressigsäure p.A. und 30 ml 25%igem Ammoniak, auf 1000 ml mit dest. Wasser aufgefüllt und versetzt mit 10 ml verdünnter Essigsäure (200 ml Eisessig 96%ig mit 800 ml dest. Wasser).

Das Entwickeln der Chromatogramme erfolgte durch Ausführen der Molybdänblaureaktion auf dem Papier. Dazu dienten als Sprühreagentien [11]:

1. Molybdatsprühlösung: 40 g Natriummolybdat · $2H_2O$ p.A. und 50 g Ammonnitrat p.A. werden in dest. Wasser aufgelöst und auf 1000 ml aufgefüllt; diese Lösung wird in 100 ml konz. Salpetersäure eingegossen.

2. Reduktionssprühlösung: 300 g Natriumpyrosulfit und 10 g Natriumsulfit sowie 2 g Metol werden in 1000 ml dest. Wasser gelöst und gegebenenfalls filtriert.

Nach unseren Erfahrungen sollten die Lösungen bei Gebrauch nicht älter als zwei Wochen sein, wenn sie in gut verschlossenen Gefäßen kühl aufbewahrt werden.

Oligomerentrennung durch Dünnschichtchromatographie

Für die Untersuchung wurde ein Kurzzeitpolymerisat (10 min; 220 °C ± 0,5 grd), das ein Monomeres/Cyclohexylammoniumdihydrogenphosphat-Verhältnis von 10:1 aufweist, verwendet. Dieses Modellpolymere wird durch Vakuumsublimation (0,1 bis 1 Torr, 60 °C) von unumgesetztem Caprolactam befreit (Kontrolle durch Papierchromatographie). Für die Dünnschichtchromatographie wurden 0,1%ige methanolische Lösungen verwendet, die wir sechsmal punktförmig aufsetzten.

Die Vergleichssubstanzen, Mono-, Di- und Tri-ε-aminocapronsäure sowie das Mono-, Di- [14] und Tri-ε-aminocapronsäurecyclohexylamid wurden 0,1%ig methanolisch, je einmal auf das Vergleichschromatogramm aufgesetzt.

Zur Auftrennung der Oligomeren wurden die Platten dreimal mit Butanol (4)/Eisessig (1)/Wasser (1) [15] überflutet. Die Reinigung der Einzelkomponenten des Laufmittels erfolgte durch Destillation.

Aminocapronsäureoligomere und Amidoligomere lassen sich in dem System Chloroform/Ammoniak (17%ige Lösung)/Methanol (2:1:2) [15] voneinander trennen. Zur Bereitung dieses Laufmittels wurden 2 Volumenteile dest. Chloroform mit 1 Teil halbkonzentriertem Ammoniak und 2 Volumenteilen dest. Methanol im Scheidetrichter gemischt. Es entstehen zwei Phasen, von denen die untere für die Chromatographie benutzt wurde.

Die Entwicklung der Chromatogramme erfolgte mit Hilfe des „Chlor-Tolidin-Testes" [16]. Dazu werden Platten 7 min einer Chloratmosphäre ausgesetzt und anschließend 5 bis 10 min an der Luft aufbewahrt, bevor besprüht wird.

Sprühreagenz: 160 mg o-Tolidin werden in 30 ml Eisessig gelöst, mit dest. Wasser auf 500 ml verdünnt und mit 1 g Kaliumjodid versetzt.

Darstellung des Tri-ε-aminocapronsäurecyclohexylamides

Dieses Oligoamid wurde als Vergleichssubstanz bei der dünnschichtchromatographischen Auftrennung der Oligomeren benötigt. Die Synthese erfolgte nach der Mischanhydridmethode [17] aus Carbobenzoxy-di-ε-aminocapronsäure und ε-Aminocapronsäurecyclohexylamid.

Carbobenzoxy-tri-ε-aminocapronsäure-cyclohexylamid

29,5 g (0,08 mol) Cbo-Cap_2OH und 8,5 g (0,084 mol) absolutes Triäthylamin werden in 200 ml absolutem Tetrahydrofuran gelöst. Der auf —12 °C abgekühlten Lösung werden unter kräftigem Rühren 11,4 g (0,084 mol) Chlorameisensäureisobutylester in 10 ml absolutem Tetrahydrofuran zugesetzt. Anschließend rührt man 20 min bei —5 °C, bevor eine gekühlte Suspension aus 19,9 g (0,08 mol) Aminocapronsäurecyclohexylamidhydrochlorid, und 8,1 g (0,08 mol) Triäthylamin in 100 ml absolutem Tetrahydrofuran bei Temperaturen unter 0 °C langsam zugesetzt wird. Das Gemisch wird bei der gleichen Temperatur 30 min gerührt, anschließend läßt man die Temperatur unter fortwährendem Rühren auf Zimmertemperatur ansteigen. Zur Abtrennung des Triäthylaminhydrochlorids wird der gesamte Reaktionsansatz in 1 l Wasser, dem wenig 2 n Natronlauge zuzusetzen ist, suspendiert. Nach dem Absaugen wird die Wasserbehandlung wiederholt. Die über Calciumchlorid im Vakuum getrocknete Substanz wird aus Methanol umkristallisiert. Anschließend ist die Substanz im Vakuum über P_4O_{10} zu trocknen.

[3]) Für die Überlassung der Oligophosphate danken wir Herrn Dr. *U. Schülke* vom Zentralinstitut für anorganische Chemie der DAW.

Ausbeute: 34,5 g (75,5% d. Th.)

F 180 bis 181 °C

$C_{32}H_{52}O_5N_4$ (572,76)	Ber. N: 9,83%	Gef. N: 9,80%
	C : 67,11%	C : 67,13%
	H: 9,16%	H: 9,16%

Tri-ε-aminocapronsäure-cyclohexylamid

5,72 g Carbobenzoxytri-ε-aminocapronsäurecyclohexylamid werden in 350 ml absolutem Äthylalkohol unter Rühren bei 75 °C gelöst. Nach Zusatz von etwa 300 mg Palladiummohr (frisch aus Palladiumchlorid bereitet und zusätzlich mit Eisessig ausgekocht [18]) wird mit strömendem Wasserstoff bei 75 °C im Verlauf von 12 h die Schutzgruppe abhydriert ($BaCO_3$ ber.: 1,97 g, gef.: 2,0 g). Die vom Katalysator befreite Lösung wird im Vakuum auf dem Wasserbad zur Trockne eingedampft. Das Tripeptidamid wird in siedendem Äthanol gelöst, die Lösung auf etwa 30 °C abgekühlt und mit Äther angefällt. Man läßt die Substanz bei etwa 10 bis 15 °C auskristallisieren; bei tieferer Temperatur fällt die Substanz gelartig an. Die Reinigungsoperation ist zu wiederholen. Bei der Trocknung und beim Aufbewahren ist die Substanz unter einer Stickstoffschutzgasatmosphäre zu halten.

Ausbeute: 3,1 g (70% d. Th.)

F (*Fischer*-Küvette, N_2): 132 bis 135 °C

$C_{24}H_{46}O_3N_4$ (438,64)	Ber.: N: 12,75%	Gef.: N: 12,54%
	C: 65,66%	C: 65,17%
	H: 10,56%	H: 10,67%

Endgruppentitration

Die Titration der trockenen Polymerproben erfolgte mit 2-ml-Mikrobüretten, die in 0,01 ml unterteilt sind. Die Tropfengröße für methanolische Lösungen betrug 0,012 ml. Die Reinigung der Lösungsmittelkomponenten wurde für Phenol und Benzylalkohol durch zweifache Destillation im Vakuum unter Reinststickstoff vorgenommen. Bei der ersten Destillation des Benzylalkohols wurden 12 g/2 l Ätzkali zugesetzt. Methanol destillierten wir über eine Vigreux-Kolonne.

Die Titrationsmittel, 0,02 n methanolische bzw. methanolisch/benzylalkoholische Salzsäure, wurden durch Verdünnung von n/10 wäßrigen Lösungen mit den Alkoholen hergestellt. Die täglich vorgenommene Faktoreinstellung erfolgte gegen ε-Aminocapronsäure bzw. gegen 0,02 n benzylalkoholische Kalilauge (Urtitersubstanz: m-Aminobenzoesäure). Zur Endpunktanzeige bei der Titration wurde eine Mischung gleicher Volumina 0,1%iger äthanolischer Lösungen von Dimethylgelb und Methylenblau verwendet.

Für die Titration in Benzylalkohol wurden die Proben in 10 min bei 150 °C unter Reinststickstoff gelöst. Die unter fließendem Wasser abgekühlten Proben wurden mit Propanol stabilisiert [19] und mit 0,02 n benzylalkoholischer Salzsäure gegen den Mischindikator titriert.

Die Bestimmung der basischen Endgruppen in Phenol/Methanol (2:1 V/V)[20] mit 0,02 n methanolischer Salzsäure erfolgte nach 16 h Lösen bei Raumtemperatur.

Für die Verdrängungstitration von Phosphorsäure aus ihren Ammoniumsalzen wurden Vorversuche mit Cyclohexylammoniumdihydrogenphosphat unternommen. Bei der Titration von 5,0 mg CHA · H_3PO_4 in Phenol/Methanol (10 ml) haben wir mit 0,02 n Salzsäure (Faktor 1,0) folgende Titrationsergebnisse erhalten:

Ber.: 1,268 ml
Gef.: 0,988; 0,982; 0,982; 0,982; 0,982; 0,982; 0,982; 0,977; 0,988 ml 0,02 n HCl.

Der mittlere Titrationsverbrauch an 0,02 n Salzsäure beträgt mit 95%iger Sicherheit 0,9827 ± 0,0025 ml und entspricht damit 77,58% des theoretischen Titrationsergebnisses.

Dieses Titrationsergebnis läßt sich unserer Meinung nach auf die gleichaciden Polymer-Ammoniumendgruppen übertragen. Es werden dann also ebenfalls nur 77,58% der Aminoendgruppenmenge eines mit Cyclohexylammoniumdihydrogenphosphat initiierten Polymeren titriert. Das theoretisch zu erwartende Titrationsresultat ergibt sich aus der eingesetzten Initiatormenge und beträgt für 0,0033 mol Cyclohexylammoniumdihydrogenphosphat $86{,}97 \cdot 10^{-6}$ Äquivalente/g; das Titrationsergebnis dürfte demnach 77,58% von $86{,}97 \cdot 10^{-6}$ Äquivalenten, d. h. $67{,}47 \cdot 10^{-6}$ Äquivalente/g nicht übersteigen. Tatsächlich werden jedoch mehr Endgruppenäquivalente titriert. Dieser Überschuß entspricht dem titrimetrisch voll erfaßbaren Teil der Endgruppen, der auf den hydrolytischen Anteil der Polymerisation zurückgeht.

Die Gesamtaminoendgruppenzahl wurde durch Addition des letztgenannten Titrationsanteils zu dem aus der Initiatormenge resultierenden Anteil bestimmt.

3. *Ergebnisse und Diskussion*

Auch bei Betrachtung der reinen Monomerenanlagerungsreaktion, wie dies unsere Methodik mit CHA · H_3PO_4 als Initiator zuläßt, hebt sich die Polymerisationsgeschwindigkeit der phosphorsäurekatalysierten Reaktion deutlich von der der carboxylgruppenkatalysierten Polymerisation ab, wenn gleiche Initiatorkonzentrationen verwendet werden (Bild 1). Die carboxylgruppenkatalysierte Polymerisation wurde mit ε-Aminocapronsäure ausgelöst und ist als Modellfall für die technische, hydrolytisch initiierte, kationische Reaktion anzusehen.

Bevor man nun an eine numerisch vergleichende Beurteilung der beiden Reaktionen herangeht, ist zu bedenken, daß Initiatorkonzentrationen und stationäre Kettenwachstumszentren-Konzentrationen durchaus

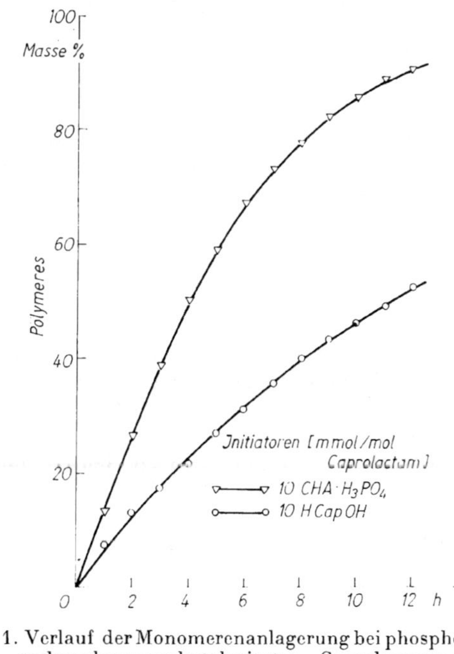

Bild 1. Verlauf der Monomerenanlagerung bei phosphorsäure- bzw. carboxylgruppenkatalysierten Caprolactampolymerisationen mit gleichen Initiatorkonzentrationen
Reaktionstemperatur: 220 °C

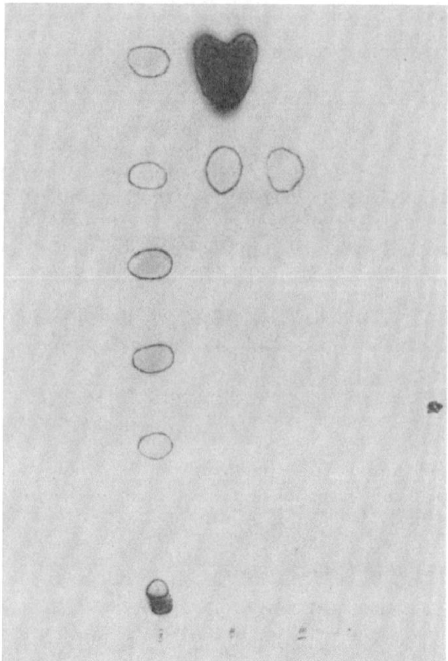

Bild 2. Papyrographische Auftrennung von Oligophosphaten (I) und von Dehydratationsprodukten der Phosphorsäure in Caprolactamschmelze bei 240 °C (II)
III — Diphosphat

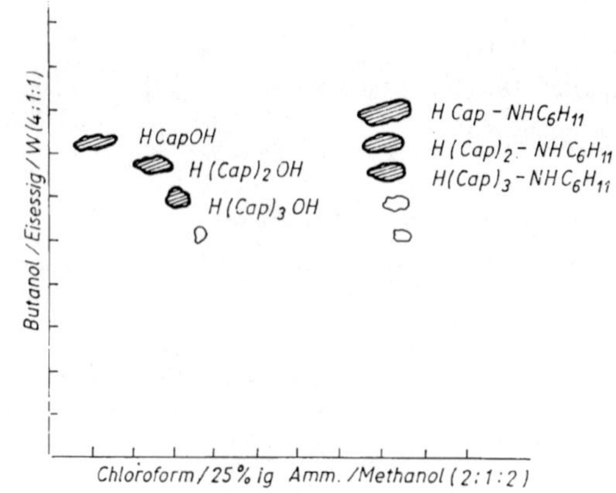

Bild 3. Dünnschichtchromatographischer Nachweis hydrolytischer Polymerisation bei Initiierung mit CHA · H_3PO_4 in wasserfreier Modellschmelze

nicht übereinstimmen werden. Von der aminocapronsäureinitiierten Polymerisation ist bekannt, daß durch die parallel zur Monomerenanlagerungsreaktion verlaufende Polykondensation die Wachstumszentren-Konzentration eine Zeit lang langsam, aber stetig abnimmt (vgl. [10, 21]). Bei der phosphorsäurekatalysierten Polymerisation muß man mit einer Zunahme der Kettenwachstumszentren-Konzentration durch Lactamhydrolyse rechnen, die im Verlauf der Wasserabspaltung aus der Phosphorsäure unter Polymerisationsbedingungen [3, 4, 5 bis 8] auftreten kann.

Um Art und Folgeerscheinungen dieser schon häufig diskutierten Dehydratationsreaktion erkennen zu können, führten wir zunächst qualitativ-analytische Modellversuche durch.

Die Entwässerung der reinen Orthophosphorsäure ist bereits von *Thilo* und *Sauer* [22] untersucht worden. Danach ist in dem Temperaturbereich 220 bis 260 °C mit der Ausbildung von Polyphosphorsäuren mit einer mittleren Kettengliederzahl zwischen 2 und 4 zu rechnen. Unsere eigenen chromatographischen Analysen ergaben, daß bei Überschuß von scharf getrocknetem Caprolactam eine Entwässerung bis zur Pyrophosphorsäure erfolgt (Bild 2). Diese Reaktion geht im Modellversuch nicht quantitativ vor sich; aus der Fleckenintensität kann die Pyrophosphorsäuremenge zu etwa 20% des gesamten Phosphates geschätzt werden.

Mit Hilfe der Dünnschichtchromatographie konnte die Folgereaktion des Dehydratationswassers nachgewiesen werden.

Aus Bild 3 ist zu ersehen, daß mit der Dehydratation der Phosphorsäure eine Lactamhydrolyse einhergeht; man findet dünnschichtchromatographisch neben den zu erwartenden Cyclohexylamiden der ε-Aminocapronsäure und ihrer Oligomerer die freien Säuren. Um kinetische Vergleiche zwischen phosphorsäure- und carboxylgruppenkatalysierter Monomerenanlagerungsreaktion anstellen zu können, waren nun Endgruppentitrationen zur Ermittlung der Konzentration der basischen Endgruppen während der Monomerenanlagerungsphase durchzuführen.

Für phosphorsäurehaltige Proben mußte dazu eine Verdrängungstitrationsmethode erarbeitet werden. Nach *Huber* [23] sind für derartige Titrationen in nichtwäßrigen Systemen besonders Lösungsmittel mit niedriger Dielektrizitätskonstante — unter den Polyamidlösungsmitteln z. B. Benzylalkohol — geeignet.

Nachdem die unextrahierten Proben in der beschriebenen Verfahrensweise bei 150 °C in Benzylalkohol gelöst worden waren, wurde mit benzylalkoholischer Salzsäure titriert (vgl. Kurve I, Bild 4).

Reinisch und *Jaeger* hatten früher nachweisen können, daß Benzylalkohol und Ammoniumsalze bei Temperaturen > 135 °C miteinander unter Bildung von Benzylchlorid und freier Base reagieren können [24]. Die dadurch eintretende Verfälschung der Titrationsergebnisse ist zwar bei unseren kurzen Lösezeiten nur gering, sollte aber besser vollständig vermieden werden.

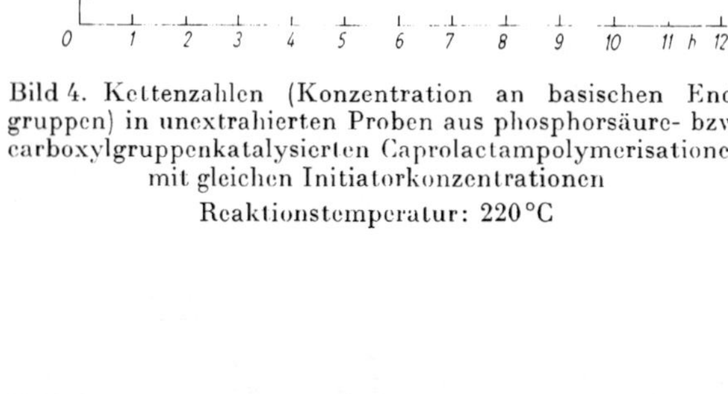

Bild 4. Kettenzahlen (Konzentration an basischen Endgruppen) in unextrahierten Proben aus phosphorsäure- bzw. carboxylgruppenkatalysierten Caprolactampolymerisationen mit gleichen Initiatorkonzentrationen
Reaktionstemperatur: 220 °C

Wir führten deshalb Titrationen an den gleichen Proben in Phenol/Methanol durch [25]. In diesem Lösungsmittel wird bei der Verdrängungstitration nur ein bestimmter, wie Titrationen an Cyclohexylammoniumdihydrogenphosphat gezeigt haben, reproduzierbar zu ermittelnder Anteil (77,58%) an Ammoniumdihydrogenphosphatgruppen erfaßt. Mit dieser Verhältniszahl läßt sich anhand der bekannten, mit dem Initiator eingebrachten Aminsalzkonzentration und dem Titrationswert die Konzentration der basischen Gruppen im Polymeren berechnen. Die in Bild 4 wiedergegebenen Titrationsergebnisse lassen erkennen (Kurve I und II), daß diese Verfahrensweise niedrigere und damit wohl (s. o.) richtigere Werte liefert als die Titration in Benzylalkohol.

Bild 4 gibt außerdem den Verlauf der Konzentration an basischen Endgruppen in Ansätzen mit ε-Aminocapronsäure als Initiator wieder, in denen Aminoendgruppen durch die Polykondensationsreaktion verbraucht werden.

Bei gleichen Initiatorkonzentrationen an ε-Aminocapronsäure bzw. CHA · H_3PO_4 unterscheiden sich die carboxylgruppenkatalysierte und die phosphorsäurekatalysierte Polymerisation des Caprolactams bei 220 °C also durch stark unterschiedliche Konzentrationen an basischen Endgruppen. Als basische Endgruppen könnte man Aminoendgruppen erwarten, da als Startzentren für die Wachstumsreaktion Aminogruppen in das System eingebracht wurden. *Schlack* [26] wies nach, daß in technischem Polycaprolactam beim Erhitzen auf 190 °C Azacycloheptenylaminoendgruppen entstehen. Wir selbst fanden [27] in Gleichgewichtspolykondensaten aus Polycaprolactam, die mit der gleichen apparativen Methodik (rotierende Ampullen im Ölbad) hergestellt worden waren, bei 230 bis 290 °C und Aminocapronsäurekonzentrationen zwischen 10 und 240 mmol/mol Caprolactam durchweg Anteile solcher semicyclischen Amidingruppen im Polymeren. Die Polymermaterialien der vorliegenden Arbeit wurden nicht auf ihre Amidingehalte untersucht; bei phosphorsäurekatalysierten Polymerisationen ist dies auch nicht ohne weiteres möglich [28]. Wir können aber nicht ausschließen, daß die Polymeren auch schon während der von uns betrachteten Polymerisationsphase solche Gruppen enthalten. Daher wählten wir für die N-terminalen Gruppen die allgemeine Bezeichnung basische Endgruppen. Geht man davon aus, daß beide Arten basischer Endgruppen, Amino- und Azacycloheptenylamino-Gruppen unter Katalyse von Carboxylgruppen [29] bzw. von Phosphorsäure [30] Lactam anlagern, so wird unsere Aufgabenstellung, einen Vergleich der Polymerisationsgeschwindigkeit in den von uns betrachteten Systemen anzustellen, auf die Untersuchung von Ansätzen mit etwa vergleichbaren Konzentrationen an basischen Endgruppen während der Polymerisationsphase zurückgeführt. Solche Systeme sind in Bild 5 charakterisiert.

Für beide Reaktionen läßt sich der Verlauf der Monomerenanlagerungsreaktion zufriedenstellend durch das Geschwindigkeitsgesetz erster Ordnung beschreiben.

Bild 5 und die Geschwindigkeitskonstanten $\bar{k}_I(\tau)$ in Tabelle 1 zeigen nun überraschenderweise, daß es bei 220 °C keine signifikanten Unterschiede zwischen phosphorsäurekatalysierter und carboxylgruppenkatalysierter Monomerenanlagerungsreaktion bei Caprolactampolymerisationen an basischen Wachstumszentren gibt.

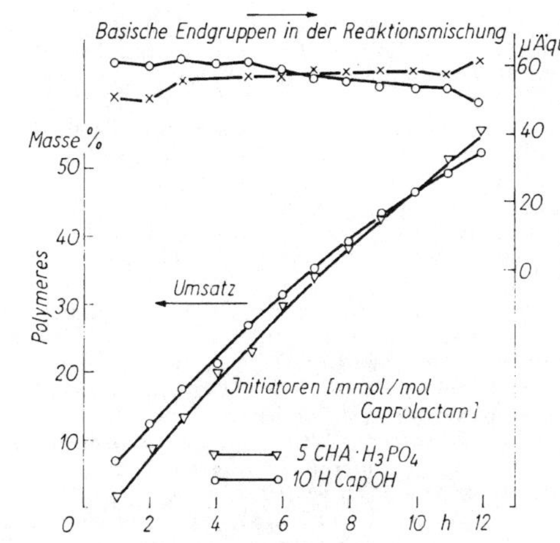

Bild 5. Verlauf der Monomerenanlagerung und der Konzentration an basischen Endgruppen bei phosphorsäure- bzw. carboxylgruppenkatalysierten Caprolactampolymerisationen Reaktionstemperatur: 220 °C

Tabelle 1. Reaktionsgeschwindigkeitskonstanten von phosphorsäure- bzw. carboxylgruppenkatalysierter Monomerenanlagerungsreaktion bei nahezu gleicher Konzentration an basischen Endgruppen; Reaktionstemperatur 220 °C

Initiator	E_{bas} während der Reaktion	$\bar{k}_I(\tau)$	$s(\bar{k}_I(\tau))$
mmol/mol Caprolactam	µÄqu g^{-1}	h^{-1}	h^{-1}
5 CHA · H_3PO_4	56,6	5,90 · 10^{-2}	0,12 · 10^{-2}
10 HCapOH	57,2	6,26 · 10^{-2}	0,35 · 10^{-2}

Da nicht auszuschließen ist, daß die in Bild 5 und Tabelle 1 beschriebenen Systeme anteilig semicyclische Amidine als basische Endgruppen enthalten und da gegenwärtig vergleichende Lactamanlagerungsraten an solchen Amidinen unter Carboxylgruppen- bzw. Phosphorsäurekatalyse nicht bekannt sind, bleibt natürlich noch offen, ob in den betrachteten Systemen tatsächlich gleiche Konzentrationen an gleichartig wirksamen Wachstumszentren vorliegen. Solche Feinanalysen der Systeme werden in späteren Untersuchungen vorzunehmen sein.

Wenn man diese Unsicherheit außer Betracht läßt, dann weisen unsere Ergebnisse aus, daß die Phosphorsäure annähernd die gleiche Aktivität als Lactamanlagerungskatalysator hat wie die Carboxylgruppe.

Für gewissenhafte experimentelle Mithilfe danken wir Frau *I. Leibnitz* und Frau *M. Jaeger*.

Herrn Prof. Dr. *H. Klare* danken wir für die Förderung dieser Arbeit.

Literatur

[1] Verfahren zur Herstellung von linearen Polyamiden. *Nicolai, H. J.*, und *Petrowitz, K.* DWP 7283 vom 16. 5. 1958).
[2] *Matthes, A.*: Gang und Gleichgewicht der Caprolactampolymerisation. Makromol. Chemie **13** (1954) S. 90—101.
[3] *Geleji, F.*, *Szafner, A.*, *Holly, Z.*, und *Szollar, L.*: The mechanism of polymerization of ε-aminocaprolactam catalyzed by phosphoric acid. IUPAC — Symposium on Macromolecular Chemistry, Moskau 1960, Preprints Sektion II, S. 487—496.

[4] *Geleji, F., Szafner, A., Holly, Z.*, und *Szollar, L.*: The mechanism of polymerization of ε-aminocaprolactam catalyzed by phosphoric acid. J. Polymer Sci. **52** (1961) S. 295–302.

[5] *Jaeger, W.*: Untersuchungen zur kationischen Polymerisation des Caprolactams. Diplomarbeit Humboldt-Universität Berlin 1961.
Vgl. auch *Rothe, M., Reinisch, G.*, und *Jaeger, W.*: Über die nichthydrolytische Caprolactampolymerisation mit Chlorwasserstoff. Faserforsch. u. Textiltechnik **12** (1961) S. 448–449.
Rothe, M., Reinisch, G., Jaeger, W., und *Schopov, I.*: Die kationische Caprolactampolymerisation. II. Der Mechanismus der nichthydrolytischen Polymerisation mit wasserfreien Säuren und die Struktur der Polymerisate. Makromol. Chemie **54** (1962) S. 183–204.

[6] *Geleji, F.*, und *Szafner, A.*: On the mechanism of polymerization of caprolactam catalyzed by phosphoric acid. II. J. Polymer Sci. **58** (1962) S. 955–975.

[7] *Geleji, F., Szafner, A.*, und *Holly, Z.*: Der Wirkungsmechanismus der Katalysatoren bei der Caprolactampolymerisation. III. Abh. dt. Akad. Wiss. Berlin, Kl. Chemie, Geol., Biol. (1963) 1, S. 273–282.

[8] *Geleji, F.*, und *Doubravszky, S.*: Über die durch verschiedene Säuren induzierte Caprolactam-Polymerisation. Plaste u. Kautschuk **9** (1962) S. 599.

[9] *Doubravszky, S.*, und *Geleji, F.*: Über Probleme der kationischen Polymerisation des Caprolactams. I. Mitt. Die Polymerisation mit Caprolactam-hydrochlorid. Makromol. Chemie **105** (1967) S. 261–276;
II. Mitt. Die Polymerisation mit Caprolactam-hydrochlorid. Makromol. Chemie **110** (1967) S. 246–256;
III. Mitt.: Die Polymerisation mit Benzylamin-hydrochlorid. Makromol. Chemie **110** (1967) S. 257–267;
IV. Mitt. Die Polymerisation mit Triäthylamin-hydrochlorid. Makromol. Chemie **111** (1968) S. 259–266;
V. Mitt. Die Rolle der N-Acyllactamgruppen bei der Polymerisation mit Caprolactam-hydrochlorid. Makromol. Chemie **113** (1968) S. 270–281;
VI. Mitt. Die Konzentrationsänderung der funktionellen Gruppen bei der durch Salzsäure katalysierten Polymerisation. Makromol. Chemie **143** (1971) S. 259–273.

[10] *Reinisch, G.*, und *Gohlke, U.*: Zur analytischen Laborpolymerisation von Caprolactam. Faserforsch. u. Textiltechnik **20** (1969) S. 463–466.

[11] *Rössel, T.*: Die chromatographische Analyse von Phosphaten. Teil I. Z. analyt. Chemie **196** (1963) S. 6–15.

[12] *Grunze, H.*, und *Thilo, E.*: Die Papierchromatographie der kondensierten Phosphate. Sammelbd. dt. Akad. Wiss., Berlin., mathem.-naturwiss. Kl. (1953) 5, S. 3–25; vgl. Z. analyt. Chemie **149** (1956) S. 281–282.

[13] *Pfrengle, O.*: Die Papierchromatographie der kondensierten Phosphate. Z. analyt. Chemie **158** (1957) S. 81–92.

[14] *Reinisch, G., Dietrich, K.*, und *Jaeger, W.*: Neue Amid-Derivate der ε-Aminocapronsäure und der Di-ε-Aminocapronsäure. J. prakt. Chemie **4, 37** (1968) S. 278–282.

[15] *Stahl, E.*: Dünnschicht-Chromatographie. Berlin/Göttingen/Heidelberg: Springer 1962, S. 412.

[16] *Stahl, E.*: vgl. [15] S. 501.

[17] *Boissonas, R. A.*: Neue Peptidsynthese. Helv. chim. Acta **34** (1951) S. 874–879.
Vaughan jr., J. R., und *Osato, R. L.*: Preparation of peptides using mixed carboxylic acid anhydrides. J. amer. chem. Soc. **73** (1951) S. 5553–5555.
Wieland, Th., und *Bernhard, H.*: Über Peptidsynthesen. III. Mitt. Die Verwendung von Anhydriden aus N-acylierten Aminosäuren und Derivaten anorganischer Säuren. Liebigs Ann. Chemie **572** (1951) S. 190–194.

[18] *Zahn, H.*, und *Hildebrand, D.*: Zur Kenntnis der linearen Oligoamide der ε-Aminocapronsäure. Chem. Ber. **90** (1957) S. 320–329.

[19] *Turska, E.*, und *Wolfram, L.*: Modifikation der Endgruppenbestimmungsmethode bei Polyamiden. Zesz. nauk. Politechn. Łódźkiej (Wiss. H. Techn. Hochschule Łódź) Chemia (Chemie) **22** (1958) S. 79–82.

[20] *van der Want, G. M.*, und *Kruissink, Ch.*: A nonhydrolytic polymerization of ε-caprolactam. The polymerization initiated by hydrogen chloride. J. Polymer Sci. **35** (1959) S. 119–138.

[21] *Hermans, P., Heikens, D.*, und *van Velden, P. F.*: On the mechanism of the polymerization of ε-caprolactam II. The polymerization in the presence of water. J. Polymer Sci. **30** (1958) S. 81–104.

[22] *Thilo, E.*, und *Sauer, R.*: Der Verlauf und die Produkte der Entwässerung der Monophosphorsäure H_3PO_4. J. prakt. Chemie 4, **4** (1957) S. 324–348.

[23] *Huber, W.*: Methoden der Analyse in der Chemie. Titrationen in nichtwäßrigen Lösungsmitteln. Frankfurt/M.: Akad. Verlagsges. 1964, S. 258ff.

[24] *Reinisch, G.*, und *Jaeger, W.*: Probleme der Polyamidchemie. II. Kationische Caprolactampolymerisation. Die chemische Struktur des Polymeren bei Auslösung mit Caprolactamhydrochlorid. Faserforsch. u. Textiltechnik **13** (1962) S. 161–165.

[25] *Waltz, J.*, und *Taylor, G. B.*: Bestimmung des Molekulargewichts von Nylon. Analyt. Chemie **19** (1947) S. 448–450.

[26] *Schlack, P.*: Zur Polymerisation von ω-Aminocapronsäurelactamen. Abh. dt. Akad. Wiss. Berlin, Kl. Chemie, Geol., Biol. (1965) S. 9–17.

[27] *Reinisch, G.*, und *Gohlke, U.*: Über die Polykondensationsphase bei Polycaprolactam. Vortrag auf dem III. Internationalen Symposium für Polykondensationsprozesse, Kiew 1971.
Gohlke, U., und *Reinisch, G.*: Über das Polykondensationsgleichgewicht bei Polycaprolactam. Vortrag auf der VI. Konferenz über Chemiefaserstoffe, Novy Smokovec, ČSSR, 1972.

[28] *Doubravszky, S.*: private Mitteilung.

[29] *Csürös, Z., Rusznak, I., Bertalan, G.*, und *Körösi, J.*: Rolle der Amidinverbindungen bei der hydrolytischen Bildung von Poly-ε-capronamid. Makromol. Chemie **137** (1970) S. 17–22.

[30] *Gohlke, U.*, und *Reinisch, G.*: Vergleichende Untersuchungen über Verlauf und Mechanismus phosphorsäurekatalysierter Caprolactampolymerisationen. Teil 2. Faserforsch. u. Textiltechnik **23** (1972) 10, S. 421–424.

Eingegangen am 29. Mai 1972

Vergleichende Untersuchungen über Verlauf und Mechanismus phosphorsäurekatalysierter Caprolactampolymerisationen[1) 2)]

Teil 2[3)]

Ulrich Gohlke und Gerhard Reinisch

Deutsche Akademie der Wissenschaften zu Berlin, Institut für Polymerenchemie in Teltow-Seehof, Abt. Polykondensate

DK 678.675'126:66.095.26:541.127.1:541.124
541.126.2:546.183—325:547.241

Verlauf und Vorschläge zum Mechanismus von Caprolactampolymerisationen mit den Cyclohexylammoniumsalzen von H_3PO_4, Diphenylphosphinsäure und HCl und mit den Amidiniumsalzen aus 2-Azacyclohepten-1-yl-2-aminocyclohexan und H_3PO_4 bzw. HCl als Initiatoren werden beschrieben und diskutiert.

Сравнительное изучение прохождения и механизма реакций полимеризации капролактáма, катализируемых фосфорной кислотой

Часть 2

Описывается и обсуждается прохождение полимеризации капролактама и ее механизм при применении ,в качестве инициатора циклогексиламмониевых солей фосфорной, дифенилфосфиновой и соляной кислот, а также амидиниевых солей на основе 2-азациклогептенил-1-амино-2-циклогексана и фосфорной или соляной кислот.

Comparative Investigations on the Kinetics and Mechanism of the Polymerization of Caprolactam Catalyzed by Phosphorous Acid. Part 2

The kinetics of the polymerization of caprolactam with cyclohexyl ammonium salts of H_3PO_4, diphenylphosphinic acid and HCl as well as with amidinium salts of 2-azacyclohepten-1-yl-2-aminocyclohexane and H_3PO_4 or HCl as initiators are described and the mechanism of polymerization is discussed.

1. *Problemstellung*

Im vorangegangenen 1. Teil dieser Arbeit konnten wir nachweisen, daß Phosphorsäure und Carboxylgruppen etwa die gleiche Aktivität als Lactamanlagerungskatalysatoren bei der kationischen Polymerisation von Caprolactam besitzen [1]. In Fortsetzung dieser Untersuchungen soll nun geklärt werden, mit welchen Geschwindigkeiten die Lactamanlagerung in Gegenwart anderer Mineralsäuren verläuft. Dazu wurden Polymerisationen mit Cyclohexylammonium-diphenylphosphinat (CHA · HOPO$(C_6H_5)_2$) und Cyclohexylammoniumchlorid (CHA · HCl) durchgeführt.

Die Phenylsubstitution der Phosphorsäure führt zu thermostabilen Produkten [2]. Sie erfolgt von der dritten über die zweite Dissoziationsstufe der Säure [3]. Durch Einsatz des genannten Salzes als Polymerisationsinitiator war es möglich, eine gleichacide Säure wie Phosphorsäure neben einer stärkeren Säure (HCl) als Monomerenanlagerungskatalysator zu untersuchen.

2. *Experimentelle Methodik*

Zur Verfahrensweise der Laborpolymerisation, zur Reinigung von Caprolactam und ε-Aminocapronsäure wurde bereits berichtet [4]. Die Darstellung und Analysen von Cyclohexylammoniumdihydrogenphosphat sind an anderer Stelle beschrieben [1].

Cyclohexylammoniumdiphenylphosphinat

3,27 g (0,015 mol) Diphenylphosphinsäure wird in 100 ml absolutem Äther/absolutem Äthylalkohol (1:1) gelöst und unter Kühlung mit 1,51 g (0,015 mol) Cyclohexylamin in 100 ml Äther versetzt. Das Salz kann durch Umkristallisieren aus Monochlorbenzol gereinigt werden.

Weiße Nadeln.

Ausbeute: 4,15 g (87% d. Th.)

F (*Fischer*-Küvette, N_2): 248 bis 251 °C (Z.) nach Sintern bei 240 bis 244 °C

$C_{18}H_{24}O_2NP$ (317, 24)	Ber.: N: 4,42%	Gef.: N: 4,52%
	C: 68,20%	C: 68,17%
	H: 7,63%	H: 7,51%

Cyclohexylammoniumchlorid

Das Salz wurde nach einer Literaturvorschrift [5] bereitet und durch Schmelzpunkt und N-Analyse charakterisiert.

F 207 bis 208 °C (Lit.: 208,5 bis 209,5 °C [5])

$C_6H_{14}NCl$ Ber. N: 10,33% Gef.: N: 10,18%

Salz der Phosphorsäure mit 2-Cyclohexylamino-1-azacyclohepten-1

5,0 g (0,026 mol) 2-Cyclohexylamino-1-azacyclohepten-1 (hergestellt nach [6]) wird in 130 ml getrocknetem Äther mit 3,2 g (0,02 mol) 80%iger Phosphorsäure in 80 ml Äther bei −5 °C unter intensiver Durchmischung umgesetzt. Das neutrale Reaktionsgemisch wird zur Vervollständigung der Fällung 1 h bei —15 °C gerührt, anschließend über eine G4-Fritte abgesaugt und über Zeosorb 4 LM im Vakuum getrocknet. Reinigung durch Umkristallisieren aus Aceton/Wasser 9:1 und Auskochen mit abs. Äther.

Ausbeute: 3,3 bis 4,4 g (44 bis 58% d. Th.)

F (*Fischer*-Küvette, N_2): 222 bis 224,5 °C (Z).

$C_{12}H_{25}O_4N_2P$ (292,2) Ber.: N: 9,59% Gef.: N: 9,38%

Die Substanz war ninhydrinnegativ.

Salz der Diphenylphosphinsäure mit 2-Cyclohexylamino-1-azacyclohepten-1

Die Herstellung wurde analog der des Phosphorsäuresalzes durchgeführt.

$C_{24}H_{33}N_2O_2P$ (412,48) Ber.: N: 6,79% Gef.: N: 6,74%

[1)] 14. Mitt. über Probleme der Polyamidchemie. 13. Mitt.: *Reinisch, G.*, und *Gohlke, U.*: Faserforsch. u. Textiltechnik **23** (1972) 10, S. 415—420.

[2)] vgl. auch Dissertation *U. Gohlke*, Humboldt-Universität Berlin 1968.

[3)] Teil I s. [1]

2-Cyclohexylamino-1-azacyclohepten-1-hydrochlorid

aus 3,7 g Amidin in 200 ml Äther durch Zugabe von 10 ml absoluter, gesättigter ätherischer HCl.

F (*Fischer*-Küvette, N_2): 259,2 bis 259,5 °C nach Subl. ab 250 °C

Endgruppentitrationen

Die Bestimmung der basischen Kettenendgruppen erfolgte wie beschrieben [1] durch Titration in Phenol/Methanol-Lösung.

Bei in Gegenwart von Salzsäure hergestellten Polymerproben konnte nur der Anteil an hydrolytisch entstandenen Endgruppen titriert werden. Die vollständige Kettenwachstumszentrenkonzentration wurde durch Addition dieses Anteils zu der eingebrachten Aminsalzmenge errechnet.

Durch Verwendung einer elektrometrischen Endpunktsanzeige (Konduktometrie) bei der Verdrängungstitration der Phosphorsäuresalze [1] konnte die Umrechnung vermieden und damit die Aussagesicherheit verbessert werden. Für die Bestimmung wurde ein selbstregistrierendes Metrohm-Gerät (Potentiograph E 336 und Konduktoskop E 365 B) eingesetzt.

3. Ergebnisse und Diskussion

Bei 220 °C und gleichen Initiatorkonzentrationen verlaufen Polymerisationen mit HCl bzw. mit Diphenylphosphinsäure als Katalysatoren (Initiatoren CHA · HCl bzw. CHA · $HOPO(C_6H_5)_2$) wesentlich langsamer als phosphorsäurekatalysierte Polymerisationen (Bild 1). Die ungefähre Übereinstimmung der Umsatz-Zeit-Kurven für die Katalysatoren HCl, $HOPO(C_6H_5)_2$ und —COOH, die ebenfalls aus Bild 1 ersichtlich ist, gibt einen ersten Hinweis darauf, daß in den beiden Systemen mit den einbasischen Mineralsäuren als Katalysatoren möglicherweise eine im Umfang ähnliche Verminderung der Konzentrationen polymerisationsaktiver Endgruppen eingetreten sein mag, wie durch die Polykondensation [4] im System mit Aminocapronsäure als Initiator.

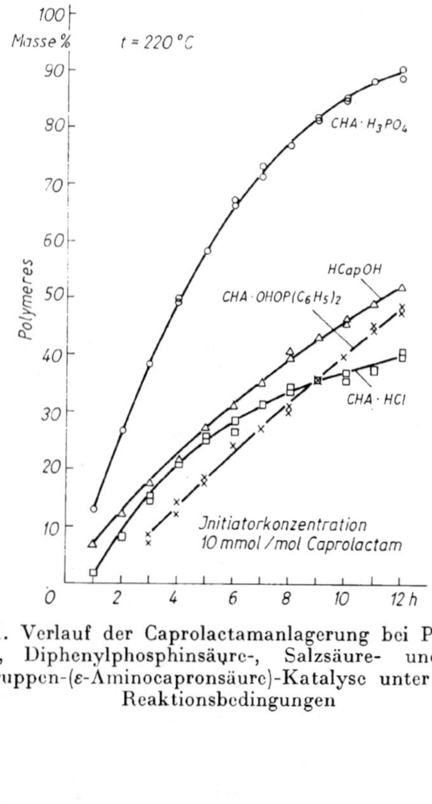

Bild 1. Verlauf der Caprolactamanlagerung bei Phosphorsäure-, Diphenylphosphinsäure-, Salzsäure- und Carboxylgruppen-(ε-Aminocapronsäure)-Katalyse unter gleichen Reaktionsbedingungen

Tabelle 1. Geschwindigkeitskonstanten

Initiator in mol/mol Caprolactam	$k_I\ h^{-1}$ 220 °C	230 °C	240 °C
10 mmol CHA · H_3PO_4	0,181 ±0,013	0,267	0,389 ±0,036
10 mmol CHA · $OHOP(C_6H_5)_2$	0,052 ±0,002	0,076 ±0,009	0,110 ±0,008
10 mmol CHA · HCl	0,054 ±0,004	0,073 ±0,008	0,099 ±0,014
10 mmol Aminocapronsäure	0,063 ±0,002	0,079 ±0,001	0,103 ±0,002

Untersuchungen bei höheren Temperaturen zeigen, daß die Geschwindigkeit der Caprolactamanlagerung in Gegenwart von Phosphorsäure auch bei 230 und bei 240 °C ca. dreimal größer ist als bei Polymerisationen mit äquimolaren Mengen an Aminsalzen der Diphenylphosphinsäure bzw. der Salzsäure (Tabelle 1).

Bild 2 zeigt, daß diese Unterschiede zwischen den mit verschiedenen Mineralsäuren katalysierten Lactamanlagerungsreaktionen nicht auf besonders stark unterschiedliche Konzentrationen an basischen Endgruppen zurückgeführt werden können. Der Verlauf der Konzentration dieser Endgruppen entspricht vielmehr bei den Polymerisationen mit HCl als Katalysator näherungsweise dem bei H_3PO_4-Katalyse. Die Konzentration an basischen Endgruppen in den Ansätzen mit Diphenylphosphinsäure als Katalysator ist sogar deutlich höher als in den mit H_3PO_4 bzw. HCl katalysierten Systemen.

Die gegenüber der Initiatorkonzentration höhere Konzentration an basischen Endgruppen bei phosphorsäurekatalysierten Polymerisationen wurde im Teil 1 hinreichend als Folge der Phosphorsäure-Dehydratation erklärt. Für die beiden Systeme, die einbasische Mineralsäuren als Katalysatoren enthalten, muß man annehmen, daß die Bildung neuer, basischer Endgruppen ebenfalls auf Lactam-Hydrolyse zurückgeht,

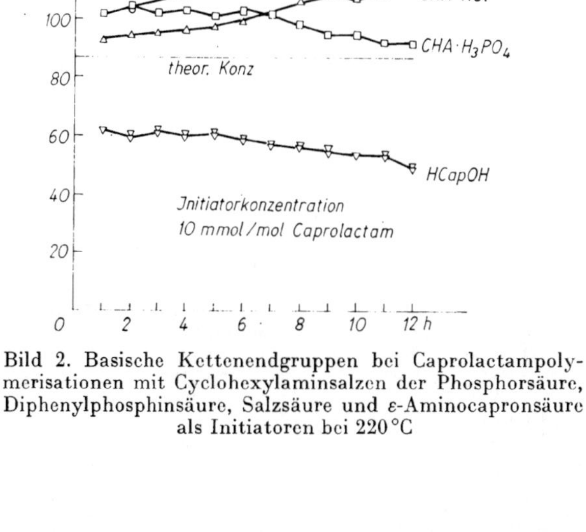

Bild 2. Basische Kettenendgruppen bei Caprolactampolymerisationen mit Cyclohexylaminsalzen der Phosphorsäure, Diphenylphosphinsäure, Salzsäure und ε-Aminocapronsäure als Initiatoren bei 220 °C

die durch Wasser ausgelöst wird. Dieses Wasser muß hauptsächlich zu Beginn der Reaktionen entstehen. Bei HCl als Katalysator muß diese wasserbildende Nebenreaktion notwendigerweise am Substrat erfolgen; auch im Falle der einbasischen Diphenylphosphinsäure möchten wir die Dehydratation des Katalysators als Möglichkeit der Wasserbildung ausschließen. Das carboxylgruppenfreie organische Substrat kann Wasser nur durch anomale Kondensation der Aminogruppen hervorbringen. Bekannt ist die Ausbildung von 1-Azacyclohepten-1-yl-2-amino-Gruppen als eine solche Nebenreaktion [7]. Diese semicyclischen Amidingruppen kann man neben Aminogruppen nach *Doubravszky* [8] auf elegante Weise indirekt bestimmen; man acyliert dazu die Aminogruppen des Polymeren in heißem Phenol mit Acyl-Lactam und titriert danach den unumgesetzt gebliebenen Anteil an basischen Gruppen, eben die Amidingruppen, acidimetrisch. Bei unseren Polymeren, deren basische Endgruppen von vornherein in Form ihrer Mineralsäuresalze vorliegen, ist diese Methode nicht anwendbar. Wir können daher gegenwärtig nur postulieren, daß die zusätzlichen basischen Endgruppen in den Ansätzen mit CHA · HCl bzw. CHA · $HOPO(C_6H_5)_2$ durch die Reaktionsfolge

$$-NH_2 + \begin{matrix} \wr \\ O{=}C \\ | \\ HN \\ \wr \end{matrix} \rightarrow -N{=}\begin{matrix} \wr \\ C \\ | \\ NH \\ \wr \end{matrix} + H_2O \qquad (1)$$

$$\begin{matrix} \wr \\ CO \\ | \\ NH \\ \wr \end{matrix} + H_2O \rightarrow \sim COOH + H_2N\sim \qquad (2)$$

entstanden sind.

Das in Reaktion (1) entstehende Wasser wird allerdings, wie wir weiter annehmen möchten, nur z. T. in Reaktion (2) wirksam. Unsere Polymerisationen wurden in Ampullen durchgeführt, die nur zur Hälfte mit der polymerisierenden Schmelze gefüllt waren. Ein Teil des durch Dehydratation gebildeten Wassers wird also in den Dampfraum dieses quasi geschlossenen Systems übertreten und dadurch der Reaktion (2) entzogen werden. Schließlich muß beachtet werden, daß ein Teil der nach (2) entstehenden Verbindungen mit NH_2- und COOH-Gruppen schon bald (vgl. Aminocapronsäuresystem) ganz normal und so, wie es die Lage des Polykondensationsgleichgewichts bei der entsprechenden Temperatur erfordert, polykondensiert. Dabei verschwinden wieder basische Endgruppen, und das entstehende Wasser bleibt, zwar im dynamischen Gleichgewicht wirksam, aber nicht in meßbare Endgruppen umgesetzt, bei summarischer Betrachtung quasi inert in der Schmelze.

Diese Überlegungen führen zu dem Schluß, daß in den Systemen mit den einbasischen Mineralsäuren als Katalysatoren mehr Amidingruppen entstanden sein werden, als sich aus der Differenz zwischen theoretischer Endgruppenkonzentration und titrimetrisch gefundenen Endgruppen ablesen läßt.

Wir konnten nun experimentell nachweisen, daß das Hydrochlorid (I) und das Diphenylphosphinsäuresalz (II) von 2-Cyclohexylamino-1-aza-cyclohepten-1 in wasserfreien Lactamschmelzen polymerisationsinaktiv sind.

Aus Ansätzen mit 25 mmol I/mol Caprolactam wurde nach 2 h Reaktionsdauer und anschließender Sublimation des Monomeren der Initiator quantitativ zurückgewonnen; Monomerenanlagerung war nicht eingetreten. Die entsprechenden Versuche mit 10 mmol(II)/mol Caprolactam bei 220 °C ergaben nach 8 h Dauer keinen methanolunlöslichen Rückstand.

Überträgt man diese Feststellungen auf die Polymerisationssysteme mit den Initiatoren CHA · HCl bzw. CHA · $HOPO(C_6H_5)_2$, so ist davon auszugehen, daß dort polymerisationsaktive Aminoendgruppen neben durch Amidinbildung inaktiv gewordenen Endgruppen vorliegen. Der Anteil der intakten Wachstumszentren könnte wegen der Ähnlichkeit des phänomenologischen Verlaufs der Umsatz-Zeit-Kurven (Bild 1) für beide Systeme als etwa gleich groß angesehen werden. Aus der ungefähren Übereinstimmung beider Kurven für 220 °C mit der des carboxylgruppenkatalysierten Systems kann man weiterhin abschätzen, daß in den Ansätzen mit einbasischen Mineralsäuren als Katalysatoren ca. 50% der basischen Endgruppen als Aminogruppen vorliegen. Die katalytische Aktivität der Mineralsäuren und der COOH-Gruppe wurden bei dieser Überlegung als in erster Näherung gleich angesehen.

Die vorstehend skizzierten theoretischen Vorstellungen über die Ursachen des im Vergleich zur eingebrachten Initiatormenge langsamen Polymerisationsverlaufs bei HCl- und $HOPO(C_6H_5)_2$-katalysierten Reaktionen müssen noch durch die selektive quantitative Bestimmung von Amino- und Amidingruppen in Abhängigkeit von der Reaktionsdauer endgültig bestätigt werden. Dazu sind gegenwärtig noch keine rationellen Analysenverfahren geläufig.

Als Erklärung für die im Vergleich zu den beiden einbasischen Mineralsäuren beträchtlich höhere Polymerisationsaktivität der Phosphoräure möchten wir die Zusatzhypothese formulieren, daß in Gegenwart von Phosphorsäure keine Amidingruppen gebildet oder entstandene Amidingruppen sogleich unter Anlagerung von Lactam und Wasser weiter zu Aminogruppen umgesetzt werden. Zumindest für die zuerst genannte Variante dieser Hypothese können wir durch das in Bild 3 dargestellte Ergebnis eines Modellversuchs einen Experimentalhinweis erbringen. Man erkennt klar, daß

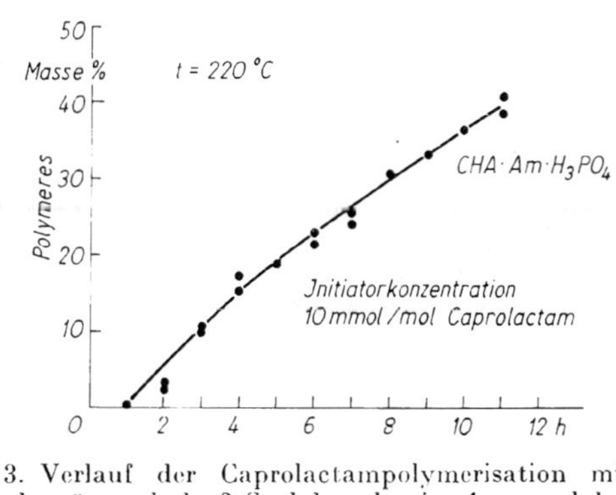

Bild 3. Verlauf der Caprolactampolymerisation mit dem Phosphorsäuresalz des 2-Cyclohexylamino-1-azacyclohepten-1 (CHA · Am · H_3PO_4) als Initiator.

das Phosphorsäuresalz des Caprolactim-cyclohexylamidins, anders als das Hydrochlorid bzw. das Diphenylphosphinat dieses Amidins, polymerisationsauslösend wirkt. Ob nun in der Folge die Polymerisation immer wieder von neuem zu Amidinendgruppen führt, wie dies *Csürös, Bertalan* und *Körösi* für spezielle Fälle der carboxylgruppenkatalysierten Polymerisation nachgewiesen haben [9], oder ob die H_3PO_4 nur die Ringöffnung des Amidinrings im Initiatormolekül erwirkt und dann fortan nur Aminoendgruppen vorhanden sind, muß dabei zunächst offen bleiben.

Zusammenfassend kann z. Z. festgestellt werden, daß die Phosphorsäure auch in ihrer Einflußnahme auf das Verhalten der Aminogruppen in polymerisierenden Lactamschmelzen der Carboxylgruppe sehr nahe steht, ihr zumindest in dieser Hinsicht viel ähnlicher ist, als der artverwandten Diphenylphosphinsäure oder der HCl. Gerade diese beiden einbasischen Mineralsäuren, und nicht die Phosphorsäure, nehmen unter den in dieser Arbeit betrachteten Lactamanlagerungskatalysatoren durch ihre starke Förderung der Amidinbildung eine Sonderstellung ein. Als Ursache dafür könnte die von *Doubravsky* und *Geleji* diskutierte Dissoziation ihrer Aminsalze [10] und die dadurch initiierte kationisch-acylierende Polymerisation in Frage kommen. Bei der kationisch acylierenden Polymerisation entstehen bekanntlich [11] Acyllactam-Strukturen, die dann mit den Wachstumszentren auch unter Amidinbildung reagieren können.

Für die Überlassung von Diphenylphosphinsäure danken wir Herrn Dr. *Gloyna*, Sektion Chemie der Humboldt-Universität Berlin.

Für gewissenhafte experimentelle Mithilfe danken wir Frau *I. Leibnitz*, Frau *M. Jaeger* und Frl. *A. Pinnow*.

Herrn Prof. Dr. *H. Klare* danken wir für die Förderung der Arbeit.

Literatur

[1] *Reinisch, G.*, und *Gohlke, U.*: Vergleichende Untersuchungen über Verlauf und Mechanismus phosphorsäurekatalysierter Caprolactampolymerisationen. Teil 1. Faserforsch. u. Textiltechnik **23** (1972) 10 S. 415—420.

[2] Houben-Weyl, Methoden der org. Chemie. Bd. 12/1. Stuttgart: Georg Thieme-Verlag 1963, S. 239.

[3] *Kabatschnik, M. I.*: Über die Beziehungen zwischen Struktur und Reaktionsfähigkeit phosphororganischer Verbindungen. Z. Chemie **1** (1961) S. 289—297.

[4] *Reinisch G.*, und *Gohlke, U.*: Zur analytischen Laborpolymerisation von Caprolactam. Faserforsch. u. Textiltechnik **20** (1969) S. 463—466.

[5] *Jaeger, W.*: Untersuchungen zur kationischen Polymerisation des Caprolactams. Diplomarbeit Humboldt-Universität Berlin 1961.

[6] *Benson, R. E.*, und *Cairns, T. L.*: Chemical reactions of caprolactam. J. amer. chem. Soc. **76** (1948) S. 2115 bis 2120.

[7] *Schlack, P.*: Zur Polymerisation von ε-Aminocapronsäurelactamen. Abh. dt. Akad. Wiss. Berlin, Kl. Chemie, Geol., Biol. (1965) S. 9—17.

[8] *Doubravszky S.*: private Mitteilung.

[9] *Csürös, Z., Rusznak, I., Bertalan, G.*, und *Körösi, J.*: Rolle der Amidinverbindungen bei der hydrolytischen Bildung von Poly-ε-capronamid. Makromol. Chemie **137** (1970) S. 17—22.

[10] *Doubravszky, S.*, und *Geleji, F.*: Über Probleme der kationischen Polymerisation des Caprolactams. III. Die Polymerisation mit Benzylaminhydrochlorid. Makromol. Chemie **110** (1967) S. 257—267.

[11] *Van der Want, G. M.*, und *Kruissink, Ch.*: A non-hydrolytic polymerization of ε-caprolactam. The polymerization initiated by hydrogen chloride. J. Polymer Sci. **35** (1959) S. 119—138.
Rothe, M., Reinisch, G., und *Jaeger, W.*: Über die nicht-hydrolytische Caprolactampolymerisation mit Chlorwasserstoff. Faserforsch. u. Textiltechnik **12** (1961) S. 448—449.
Reinisch, G., und *Jaeger, W.*: Probleme der Polyamidchemie. I. Kationische Caprolactampolymerisation. Der Mechanismus der Startreaktion bei Auslösung mit Caprolactamhydrochlorid. Faserforsch. u. Textiltechnik **13** (1962) S. 79—87.

Eingegangen am 3. Juni 1972

Vergleichende Untersuchungen zum Quell- und Löseverlauf von Cellulosefasern in verschiedenen Medien

Teil I. Übersicht über die experimentellen Ergebnisse

Heinz Hampe, Burkart Philipp und Josef Baudisch

VEB Chemiefaserkombinat Schwarza „Wilhelm Pieck“, Rudolstadt, und
Deutsche Akademie der Wissenschaften zu Berlin, Institut für Polymerenchemie in Teltow-Seehof

DK 677.21:661.728:677.463:539.388.8:541.8:677.014.842

Ausgehend von umfangreichen Untersuchungen zum Verhalten von morphologisch stark unterschiedlichem Cellulosematerial — Baumwolle, Zellstoff, Regeneratfasern — gegenüber sauren und alkalischen wäßrigen Quell- bzw. Lösemitteln wird ein systematischer Vergleich der Quell- und Lösewirkung der einzelnen Systeme vorgenommen, wobei zur Charakterisierung insbesondere die mikroskopische Verfolgung des Quell- und Lösevorganges, die quantitative Bestimmung des zeitlichen Verlaufes der Auflösung sowie die Verfolgung des zeitlichen Verlaufes der Längenänderung unter Belastung herangezogen werden.

Сравнительное изучение процессов набухания и растворения целлюлозных волокон в различных средах

Часть I. Обзор экспериментальных данных

На основе обширных экспериментальных данных относительно поведения морфологически сильно различающихся между собой целлюлозных материалов (хлопок, древесная целлюлоза, гидратцеллюлозные волокна) в присутствии водных кислых или щелочных набухателей или растворителей проводится систематическое сравнение набухающего или растворяющего действия отдельных систем. При этом для охарактеризования и, в частности, микроскопического наблюдения процессов набухания и растворения количественно определялось прохождение этих процессов во времени с замерами изменения длины волокон, находящихся под нагрузкой.

Comparative Investigations on the Swelling and Dissolution of Cellulose Fibers in Various Media

Part I. Survey of Experimental Results

Based on numerous investigations on the response of cellulose materials characterised by strong morphological differences, as cotton, rayon and cellulose pulp, to acid and alkaline aqueous swelling agents and solvents, the swelling and dissolution effects in the individual systems have been compared, particularly by microscopic observation of the swelling and dissolution processes as well as by determination of the time-dependence of dissolution and length changes of stressed samples.

1. *Einführung*

In den bisher publizierten Arbeiten zur Quellung und Auflösung von Cellulose standen zumeist die Erkennung und Charakterisierung der morphologischen Faserstruktur und darauf aufbauend die Entwicklung „morphologischer Analysenmethoden“ zur Erfassung struktureller Unterschiede zwischen verschiedenen Faserarten im Vordergrund. Hingewiesen sei in diesem Zusammenhang auf die klassischen Arbeiten von *Dolmetsch, Franz* und *Correns* [1] zur Quellung nativer Cellulosefasern in alkalischen und sauren Medien, auf die umfangreichen Untersuchungen von *Künschner* [2] zur Charakterisierung der verschiedenen Celluloseregeneratfaserstoffe durch ihr mikroskopisches Quellungsbild in EWNN und in Zinkchloridlösung, sowie auf die Ergebnisse von *Bobeth* u. Mitarb. [3] und von uns [4], bei denen die Faserstruktur durch eine Kombination der Quellbehandlung mit einer mechanischen Beanspruchung vor oder während des Quellprozesses untersucht wurde. Bei all diesen Arbeiten beschränkte man sich meist auf nur ein oder allenfalls einige wenige Quellmittel. Ein systematischer Vergleich der Quell- und Lösewirkung verschiedener Systeme und darauf aufbauend eine zusammenfassende Darstellung der Gemeinsamkeiten und Unterschiede im Quell- und Lösemechanismus steht noch weitgehend aus. Die folgende Arbeit soll diese Lücke schließen helfen. Wir gingen dabei von der unterschiedlichen Cellulosefaserstruktur aus und verglichen unter Mitheranziehen von Literaturdaten und früheren eigenen Ergebnissen die Wirkung der in Tabelle 1 zusammengefaßten Quell- und Lösemittel, vor allem hinsichtlich des zeitlichen Verlaufs der Längenänderung unter Belastung, sowie der Änderung des mikroskopischen Quellungsbildes und der Auflösung der Fasern.

2. *Angaben zur Versuchsmethodik*

2.1. *Charakterisierung der Celluloseproben und der verwendeten Quellmittel*

Folgende Celluloseproben wurden herangezogen:

eine gebeuchte und gebleichte *Baumwolle* (Probe „BW“) mit 28 mm Stapellänge, Feinheit 0,14 tex und einem Cuoxam-DP von 2850 (Herkunft VAR Ägypten);
ein heißveredelter *Fichtensulfitzellstoff* „Modosilk“ (Probe „Z“) mit 92,0% α-Cellulose-Gehalt, einem L_{10}-Wert von 10,7 und einem Cuoxam-DP von 665;

vier Regeneratfaserproben:

„VIF I“	hochgekräuselte W-Type 3,2 den vom CFK Schwarza (vgl. [5]);
„VIF II“	hochgekräuselte W-Type 3 den (Handelsmuster);
„VIF III“	Teppichfaser 15 den vom CFK Schwarza;
„VIF IV“	Teppichfaser 15 den (Handelsmuster).

Einen Überblick über die verwendeten Quell- und Lösemittel sowie deren Viskosität und Dichte gibt Tabelle 1.

2.2. *Untersuchungen zum Quell- und Löseverlauf*

Gleichgewichtswert und zeitlicher *Verlauf der Längenänderung* von Cellulosefasern (Baumwolle und Regeneratfasern) im Quellmittel unter Belastung wurden nach der früher von uns beschriebenen Methodik ermittelt (vgl. [5]). Sofern nicht anders vermerkt, erfolgte eine Belastung der Einzelfaser mit 5 mp, und die angegebenen Werte stellen jeweils Mittelwerte aus 5 bis 8 bei 20 °C durchgeführten Einzelmessungen dar.

Tabelle 1. Übersicht über die Quell- und Lösemittel

Quellmittel	Konzentration bzw. Verdünnung Masse%	Dichte bei 20 °C g/cm³	Viskosität bei 20 °C cP
NaOH in H_2O	versch. Konz. zwischen 8% und 1%	1,08 1,01	1,85 1,22
Tetraäthylammonium-hydroxid in H_2O (TÄOH)	10% 5%	1,01 1,01	1,66 1,31
EWNN nach [6]	unverdünnt	1,23	3,33
	3:1 verdünnt mittels H_2O 1:1 verdünnt mittels H_2O	1,17 1,11	2,32 1,89
Cuoxamlösung nach [7]	unverdünnt	0,99	1,38
	verschiedene Verdünnungen mit H_2O zwischen 3:1 und 1:3	0,96 1,00	1,45 1,18
Cadoxenlösung nach [8]	unverdünnt	1,07	5,00
	verschiedene Verdünnungen mit H_2O zwischen 2:1 und 1:19	1,04 1,00	2,75 1,20
$ZnCl_2$ in H_2O	76% 38% 25%	2,10 1,60 1,42	205 5,21 2,79
H_3PO_4 in H_2O	verschiedene Konz. zwischen 85% und 4%	1,70 1,02	57,8 1,28

Zur *lichtmikroskopischen* Verfolgung des zeitlichen Verlaufs von *Quellung und Lösung* in verschiedenen Medien wurden Faserquerschnitte von ca. 7 µm Dicke sowie ca. 1 mm lange Faserstücke herangezogen und bei Temperaturen zwischen 20 und 23 °C gequollen bzw. gelöst. Die Quellbilder wurden in geeigneten Zeitabständen fotografisch registriert und anhand 200- bis 500facher Vergrößerungen ausgewertet, und zwar sowohl qualitativ durch Beschreiben der Quellformen als auch halbquantitativ durch Messung der prozentualen Breitenquellung der Faserlängsstücke bzw. der prozentualen Flächenzunahme der Querschnitte mittels Planimeter.

Die zeitliche *Änderung des gelösten Faseranteils* in Abhängigkeit von Art und Konzentration des Lösemittels bestimmten wir bei 20 °C und einem Flottenverhältnis von 1:100 bzw. 1:200 bei Lösezeiten zwischen 5 und 360 min unter ständiger mechanischer Rührung. Zur Bestimmung der Rückstandsmenge wurde nach Ablauf der vorgesehenen Lösezeit auf einer G 2-Fritte abgesaugt, zunächst mit dest. Wasser, dann bei Verwendung alkalischer Lösemittel mit 10%iger Essigsäure und schließlich mit dest. Wasser nachgewaschen. Für die Quellmedien NaOH und H_3PO_4 wurden parallel zur Rückstandsmenge jeweils die gelösten Anteile durch Bichromatoxydation ermittelt.

3. *Versuchsergebnisse*

3.1. *Verlauf der Längenänderung unter Belastung*

In Abhängigkeit von Faserprobe (Baumwolle—Regeneratfaser), Quellmittelart und Quellmittelkonzentration lassen sich bei der hier angewandten Meßmethodik folgende Fälle unterscheiden:

I. a) Abreißen des Fadens auch bei geringer Belastung binnen 30 s, so daß ein zeitlicher Verlauf nicht verfolgt werden konnte;
   b) nach anfänglicher Schrumpfung allmählich fortschreitende Längung bis zum Abreißen bzw. ein Abreißen bereits während der anfänglichen Schrumpfungsperiode;

II. Einstellung eines unter Berücksichtigung des Beobachtungszeitraumes von etwa 0,5 bis 100 min konstanten Wertes der Längenänderung, indem entweder
   a) sehr rasch eine konstante Längung oder Schrumpfung erreicht wird, oder
   b) nach anfänglicher Schrumpfung eine allmähliche Längung bis zu einem konstanten Endwert stattfindet.

Anhand der Tabellen 2 bis 5 und Diagramme (Bilder 1 bis 8) werden die Ergebnisse für die einzelnen Quellmittel zusammengefaßt.

Im Konzentrationsbereich zwischen 50 und 70% H_3PO_4 läßt sich der Längungsverlauf nach anfänglicher Schrumpfung durch ein Zeitgesetz erster Ordnung entsprechend $dL/dt = k\,(L_\infty - L_t)$ befriedigend erfassen, wobei L_∞ der Absolutbetrag der maximal erreichten Längung, L_t der Betrag zur Zeit t ist. In $\log(L_\infty - L_t)-t$-Auftragung (Bild 9) erhält man zwei Geraden unterschiedlichen Richtungsfaktors, deren steilere den Längungsverlauf zwischen 5 und etwa 30 min gut wiedergibt, wobei k mit sinkender Säurekonzentration ansteigt, was wir in erster Linie auf die Auswirkung der abnehmenden Viskosität des Quellmediums zurückführen.

3.2. *Mikroskopische Quellungsbilder*

Die wesentlichen Einflußgrößen sind auch hier Quellmittelart und -konzentration, Quelldauer und übermolekulare bzw. morphologische Struktur des Cellulosepräparats. Sofern nur eine begrenzte Quellung eintritt, d. h. unter Querschnittsvergrößerung die Faserstruktur erhalten und das mikroskopische Quellungsbild nach relativ kurzer Zeit über einen langen

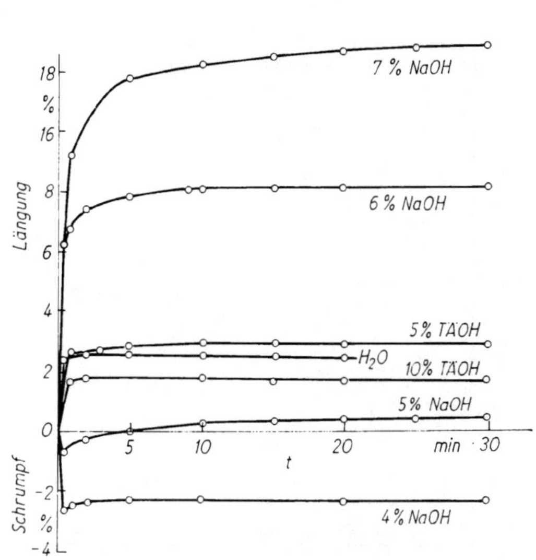

Bild 1. Zeitlicher Verlauf der Längenänderung in NaOH und TÄOH unterschiedlicher Konzentration bei Probe VIFI
Belastung: 5 mp/den

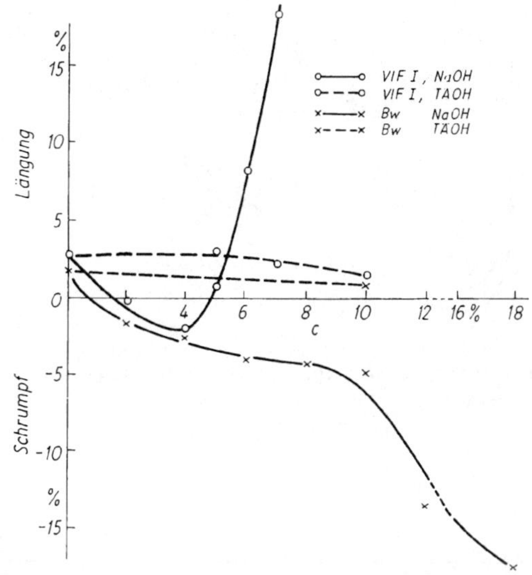

Bild 2. Gleichgewichtswerte der Längenänderung in NaOH und TÄOH unterschiedlicher Konzentration bei Probe VIFI und Bw
Belastung: 5 mp/den

Tabelle 2. Längenänderung in wäßriger NaOH und in TÄOH

Quellmittel	Faser: Bw	Faser: VIF I 3 den	Faser: VIF II 3 den
H_2O	sofort konstante Längung 1,7%	nach 2 min konstante Längung 2,6%	nach 2 min konstante Längung 1,4 %
NaOH $2\% \leqq c \leqq 7\%$	sofort konstanter Endwert, mit steigender NaOH-Konzentration, zunehmende Schrumpfung (Bild 2)	zeitl. Verlauf s. Bild 1, nach längerer Zeit konstanter Endwert; 2 bis 4% NaOH Schrumpf $> 4\%$ NaOH Längung	analog VIF I konst. Endwert maximaler Schrumpf −5% bei 4% NaOH, ab 6% NaOH Längung
NaOH $c > 8\%$	sofortige konstante Schrumpfung, zunehmend mit c (Bild 2)	sofortiges Abreißen	sofortiges Abreißen
TÄOH	sofort konstante Längung mit 5%iger und mit 10%iger TÄOH (Bild 2)	Längung zu konstantem Endwert mit 5%iger und 10%iger TÄOH (Bild 1)	

Tabelle 3. Längenänderung in Metallkomplex-Lösemitteln

Quellmittel	Faser: Bw	Faser: VIF 3 den
EWNN	in verdünnter EWNN-Lsg. sofort konstante Längung, in konz. EWNN-Lösung Schrumpfung bis zum Abriß (Bild 3)	bei allen untersuchten Konzentrationen erst Schrumpfung, dann Längung bis zum Abriß; flacheres Minimum mit abnehmender Komplex-Konzentration (Bild 3)
Cadoxen	in konz. Lösung sofortiges Abreißen; in verdünnter Lösung sofort konstanter Endwert 80% Cadoxen −1,3% Schrumpf 67% Cadoxen −34% Schrumpf 50% Cadoxen + 3% Längung	in konz. Lösung sofortiges Abreißen c = 67%: nach Längung auf 10% Abreißen c = 60%: konstanter Endwert binnen 20 min (Bild 4) c = 55%: rascher Schrumpf, dann Längung zu konstantem Endwert $c \leqq 50\%$ sofortige Längung
Cuoxam	in konz. Lösung sofortiges Abreißen, in verdünnter Lösung Schrumpf bis zu einem konstanten Endwert, bei hohen Konzentrationen nach Schrumpf wieder Längung (Bild 5)	bei $c \geqq 30\%$ sofortiges Abreißen in verdünnter Lösung: Schrumpf, z. T. mit anschließender Längung zu einem konst. Endwert (Bild 5)

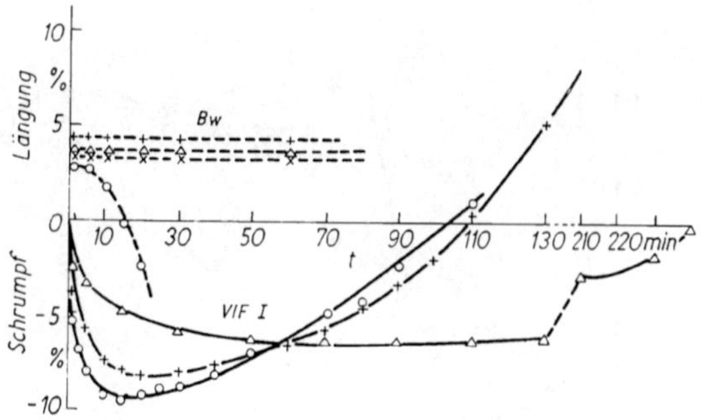

Bild 3. Zeitlicher Verlauf der Längenänderung in EWNN unterschiedlicher Konzentration bei Probe VIFI und Bw
∘ 100% + 75% △ 50% × 33 EWNN
Belastung: 5 mp/den

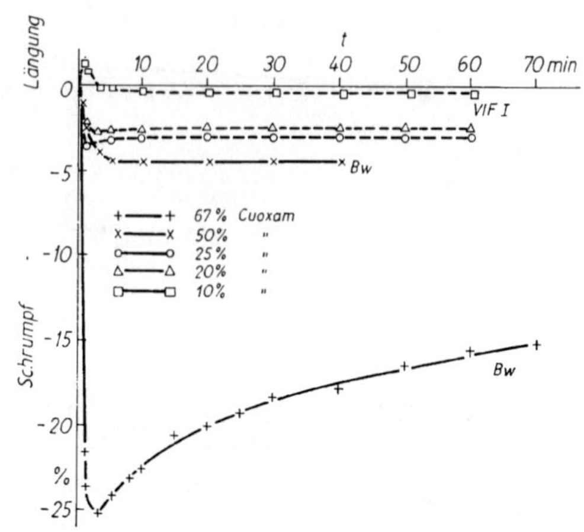

Bild 5. Zeitlicher Verlauf der Längenänderung in Cuoxam unterschiedlicher Konzentration bei Probe VIFI und Bw
Belastung: 5 mp/den

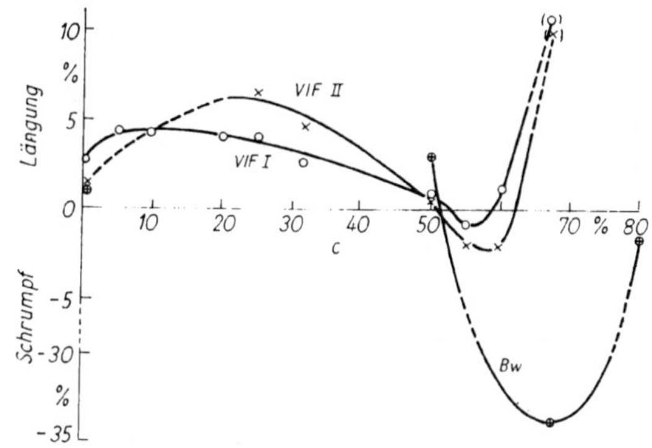

Bild 4. Gleichgewichtswerte der Längenänderung in Cadoxen unterschiedlicher Konzentration bei Probe VIFI und Bw
Belastung: 5 mp/den

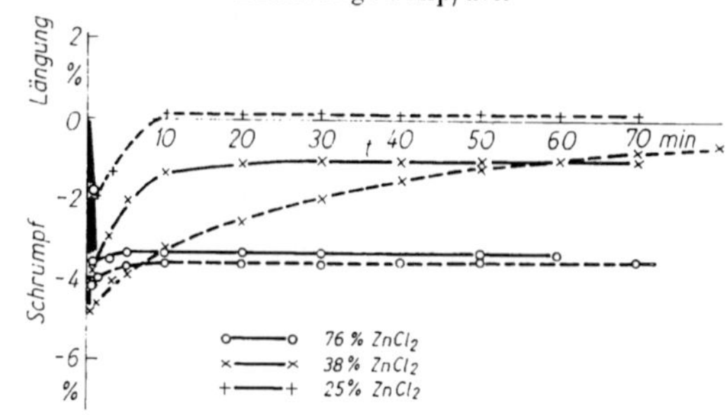

Bild 6. Zeitlicher Verlauf der Längenänderung in $ZnCl_2$-Lösung unterschiedlicher Konzentration bei Probe VIF (---) und Bw (—)
Belastung: 5 mp/den

Tabelle 4. Längenänderung in Zinkchloridlösung (Bild 6)

Quellmittel	Faser	
	Bw	VIF 3 den
konz. $ZnCl_2$-Lsg. (76 Masse-%)	erheblicher Schrumpf, dann geringfügige Längung bis zum konstanten Wert	wie Bw, konstanter Endwert nach 10 min
verd. $ZnCl_2$-Lsg. (38 und 25%)	erheblicher Schrumpf, dann beträchtliche Längung zu konstantem Endwert während 30 min	erheblicher Schrumpf, dann beträchtliche Längung zu konstantem Endwert

Endwert stets gleich oder kleiner Ausgangslänge

Tabelle 5. Längenänderung in H_3PO_4-Lösung

Quellmittel	Faser		
	Bw	VIF 3 den	VIF 15 den
H_3PO_4 konz. 85%	erheblicher Schrumpf zu konstantem Endwert während 12 min	sofortiges Abreißen bei Konz. > 70%	Binnen 1 min starker Schrumpf, dann Längung bis zum Abreißen (Bild 8)
H_3PO_4 verd.	sofort konstante Längurg mit einem Maximum bei mittlerer Konzentration	Im Bereich 55 < c < 70% erst Schrumpf, dann Längung zu konstantem Endwert. Im Bereich < 40% Längung zu konstantem Endwert binnen 5 min Maximum der Längung bei c ∼25% (Bild 7)	Im Bereich 50< c < 70% erst Schrumpf, dann Längung zu konstantem Endwert oberhalb Ausgangslänge. Im Bereich c < 40% rasche Längung zu konstantem Endwert (Bild 8) flaches Maximum der Längung bei 20% < c < 30%

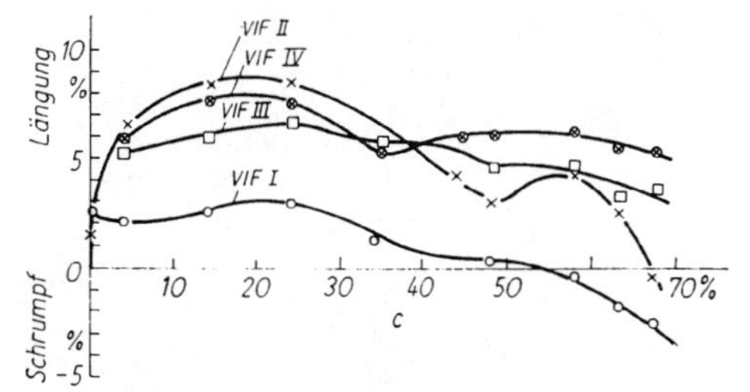

Bild 7. Gleichgewichtswerte der Längenänderung in H_3PO_4 unterschiedlicher Konzentration bei Probe VIF I
Belastung: 5 mp/den

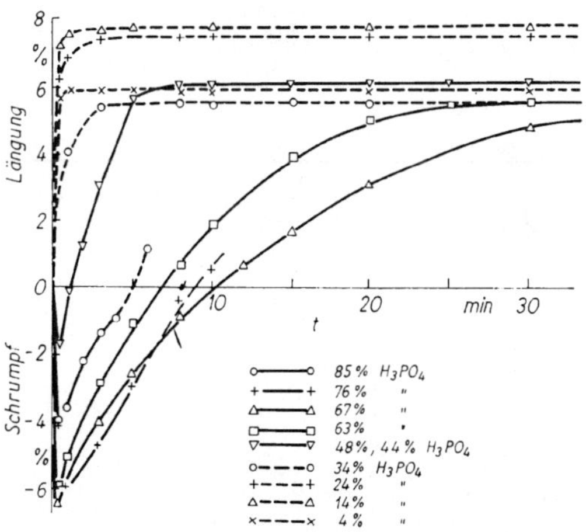

Bild 8. Zeitlicher Verlauf der Längenänderung in H_3PO_4 unterschiedlicher Konzentration bei Probe VIF IV
Belastung: 5 mp/den

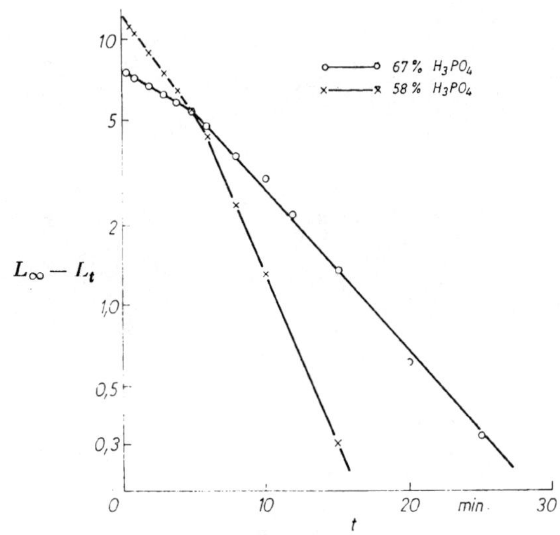

Bild 9. Zeitlicher Verlauf der Längenänderung in H_3PO_4 bei Probe VIF III, dargestellt im lg $(L_\infty - L_t)$/t-Diagramm
Belastung: 5 mp/den

Zeitraum unverändert bleibt, lassen sich kaum quellmittelspezifische Quellungsformen erkennen, und die Struktur der gequollenen Faser entspricht weitgehend der des Ausgangsmaterials. Unter den Bedingungen der unbegrenzten Quellung hingegen sind sowohl quellmittelabhängige als auch strukturabhängige Quellformen zu beobachten, wobei die Geschwindigkeit des Löseprozesses recht unterschiedlich sein kann, und wobei es für alle hier untersuchten Celluloselösungsmittel eine untere Konzentrationsgrenze gibt, bei deren Unterschreitung nur noch eine begrenzte Quellung eintritt.

Da es aus Platzgründen nicht möglich ist, die Versuchsergebnisse in Form von Abbildungen umfassend darzustellen, soll anhand einer nach kurzer Quellzeit bei hoher Quellmittelkonzentration erhaltenen Serie von Quellbildern (Bilder 10 bis 27) lediglich die Vielfalt möglicher Quellformen veranschaulicht und das Wesentliche zum Quell- und Löseverlauf in den einzelnen Quellmitteln nur stichwortartig zusammengefaßt werden.

a) *Wäßrige Lösungen starker Basen*

1. *Wäßrige NaOH:*

Bei $c \leqq 6\%$ begrenzte Quellung, nach ~ 1 min Endstadium erreicht;

bei $c \geqq 8\%$ rasche, begrenzte Quellung mit Baumwolle und Zellstoff, mit Viskosefaser, Übergang zur unbegrenzten Quellung und Auflösung der Faserstruktur binnen 5 min unter Zurücklassung von Resten des Fasermantels ohne Auftreten spezieller Quellformen.

2. *Wäßrige Lösung von Tetraäthylammoniumhydroxid*

In allen Fällen begrenzte Dickenquellung der Faser binnen 30 s.

b) *Metallkomplexlösungsmittel*

1. *EWNN*

Mit *unverdünnter* Lösung in allen Fällen langsame unbegrenzte Quellung unter Ausbildung cellulosestrukturspezifischer Quellformen, und zwar bei *Baumwolle* nach starker Schnittendenquellung ausgeprägte Kugelbauchquellung und Auflösen der Faserstruktur nach ca. 1 h, bei *Zellstoff* Querzerfall der Faserstruktur unter Ausbildung einzelner Spiralstrukturen während 5 min, bei Viskosefaser nach ausgeprägter „Trichterquellung" an den Schnittenden Längsaufspleißung und Auflösung binnen 70 bis 80 min.

Mit *2:1 verdünnter Lösung* (67%) bei *Baumwolle* während 30 min nur begrenzte Quellung unter „Quellungskorrosion" (ausgezackte Ränder) an den Schnittenden, bei *Zellstoff* Quer- und Längszerfall der Faser während 15 bis 30 min, Viskosefaser während ca. 100 min.

1:1 verdünnter Lösung (50%) bei *Baumwolle* während 60 min nur begrenzte Quellung unter Trichterbildung an den Schnittenden, bei *Zellstoff* während 60 min ebenfalls begrenzte Quellung unter Sichtbarwerden von Spiralstrukturen, bei Viskosefaser während 60 bis 90 min Längszerfall der Faserstruktur in fibrillenartige Bruchstücke, die nach > 100 min allmählich gelöst werden.

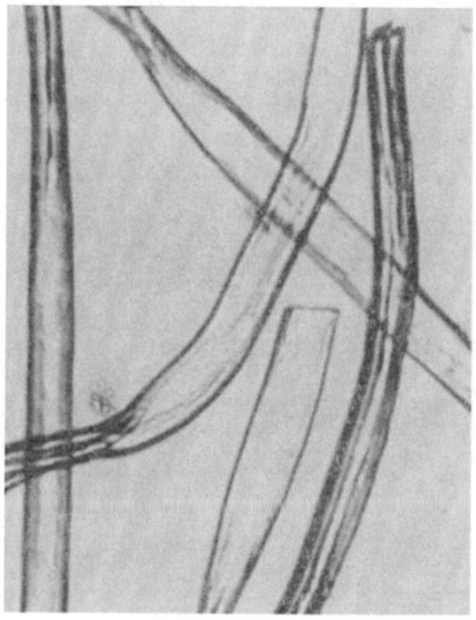

Bild 10. Bw
Quellmittel: 8% NaOH
Quelldauer: 30 min

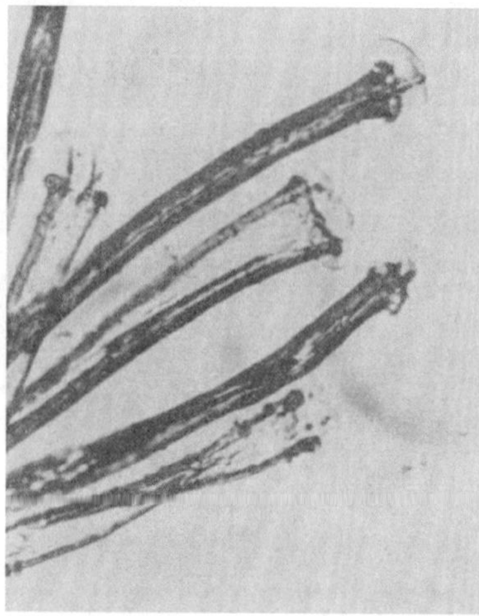

Bild 11. Bw
Quellmittel: EWNN, konz.
Quelldauer: 10 min

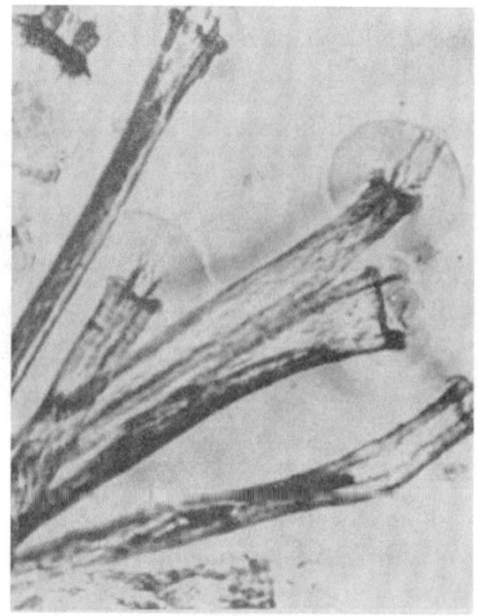

Bild 12. Bw
Quellmittel: EWNN, konz.
Quelldauer: 30 min

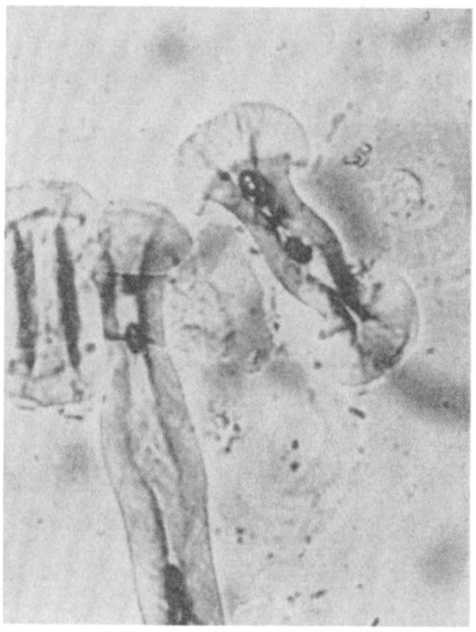

Bild 13. Bw
Quellmittel: Cadoxen, konz.
Quelldauer: 1 min

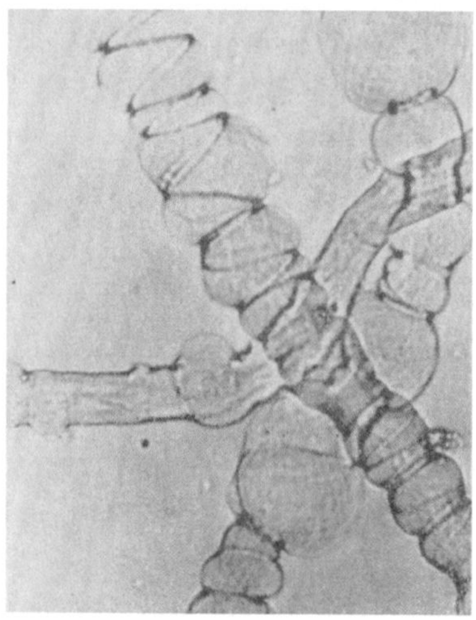

Bild 14. Bw
Quellmittel: Cadoxen, konz.
Quelldauer: 10 min

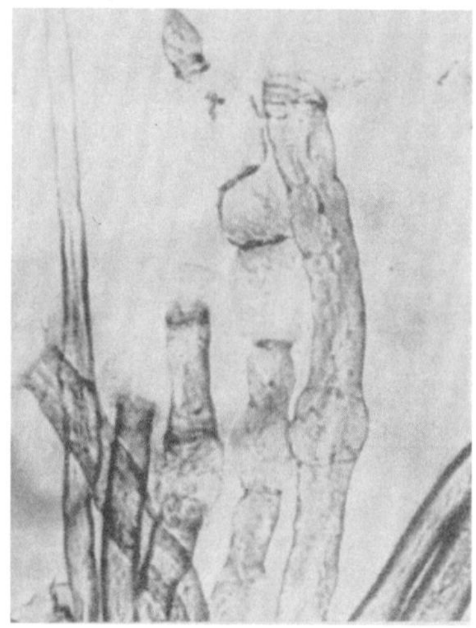

Bild 15. Bw
Quellmittel: Cuoxam, konz.
Quelldauer: 10 min

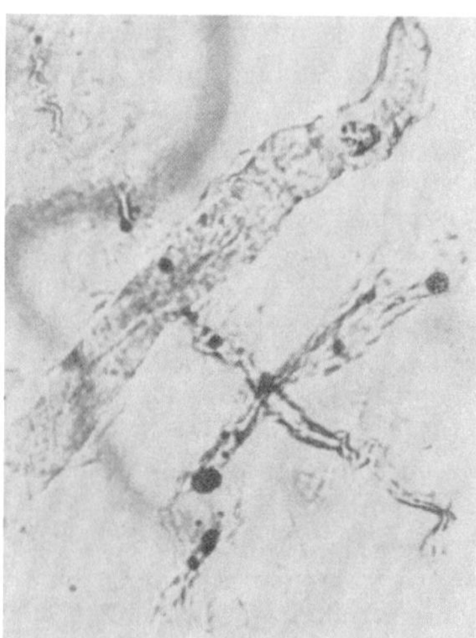

Bild 16. Bw
Quellmittel: H_3PO_4, konz.
Quelldauer: 10 min

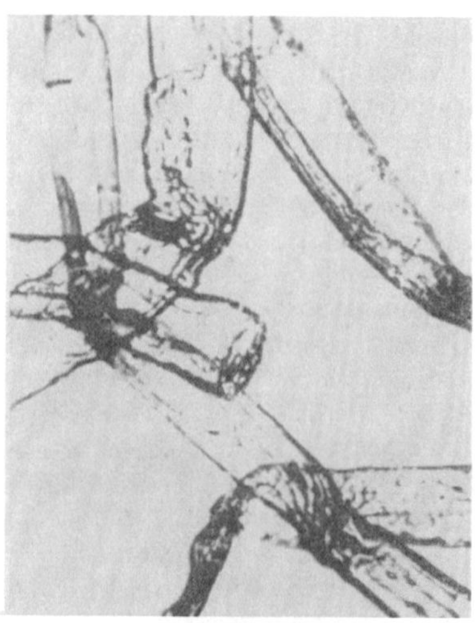

Bild 17. Zellstoff
Quellmittel: 10% TÄOH
Quelldauer: 30 min

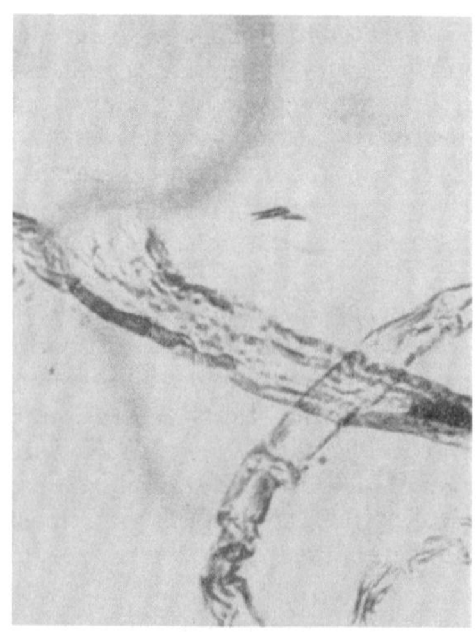

Bild 18. Zellstoff
Quellmittel: EWNN, konz.
Quelldauer: 2 min

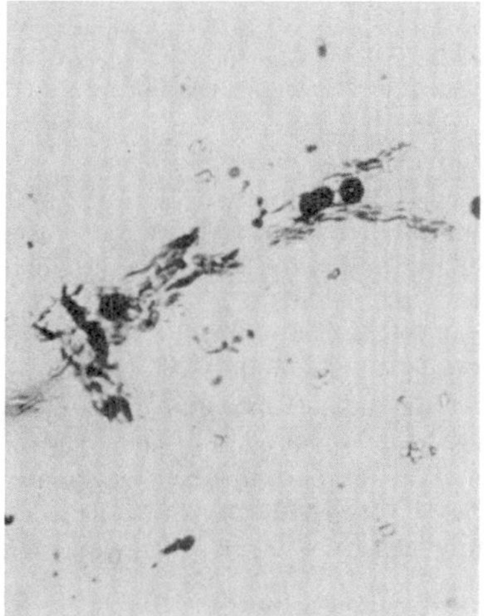

Bild 19. Zellstoff
Quellmittel: Cadoxen, konz.
Quelldauer: 30 s

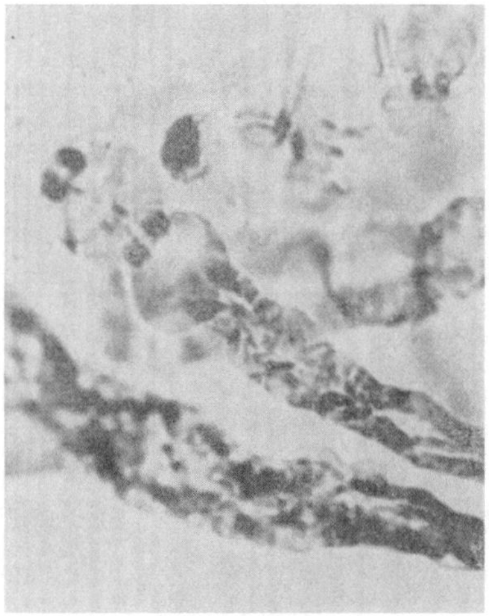

Bild 20. Zellstoff
Quellmittel: Cuoxam, konz.
Quelldauer: 30 s

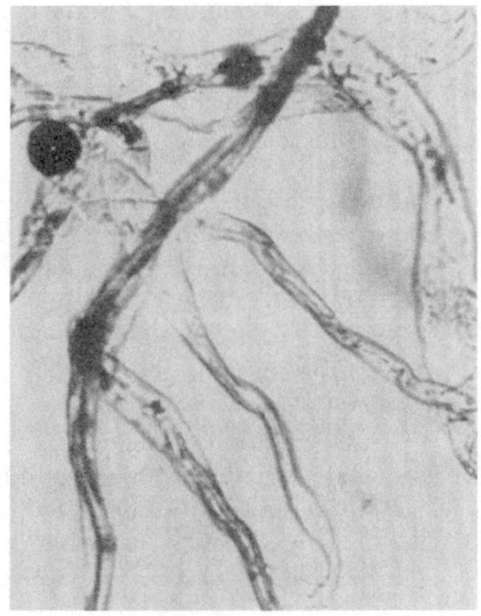

Bild 21. Zellstoff
Quellmittel: $ZnCl_2$-Lsg., 76%
Quelldauer: 30 min

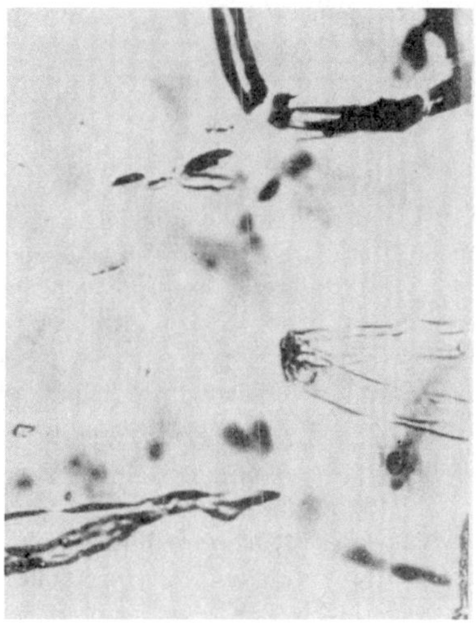

Bild 22. Zellstoff
Quellmittel: H_3PO_4, konz.
Quelldauer: 45 s

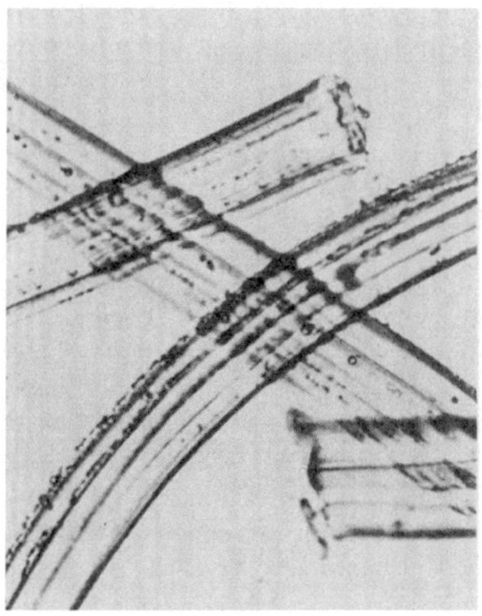

Bild 23. VIF I
Quellmittel: 6% NaOH
Quelldauer: 6 min

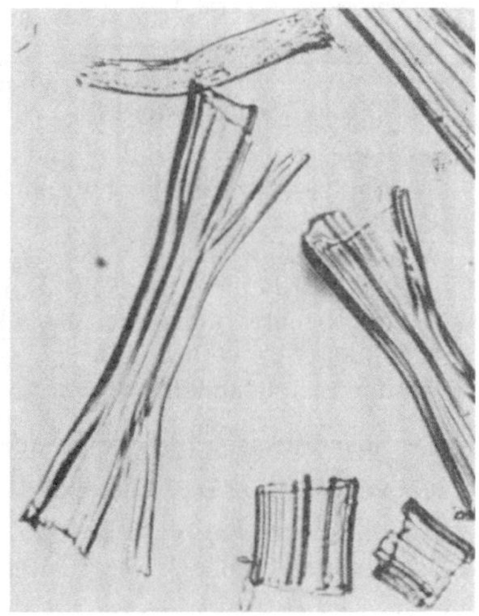

Bild 24. VIF I
Quellmittel: EWNN, konz.
Quelldauer: 6 min

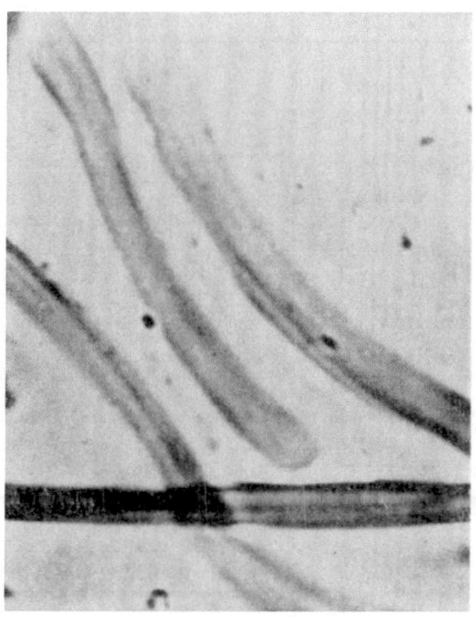

Bild 25. VIF I
Quellmittel: Cadoxen, konz.
Quelldauer: 60 s

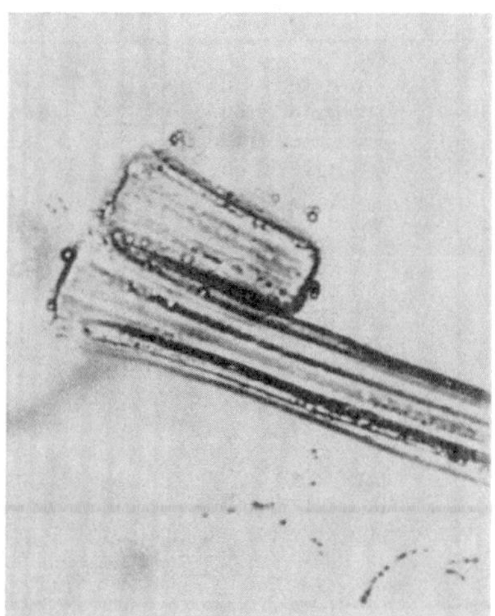

Bild 26. VIF I
Quellmittel: Cuoxam, konz.
Quelldauer: 30 s

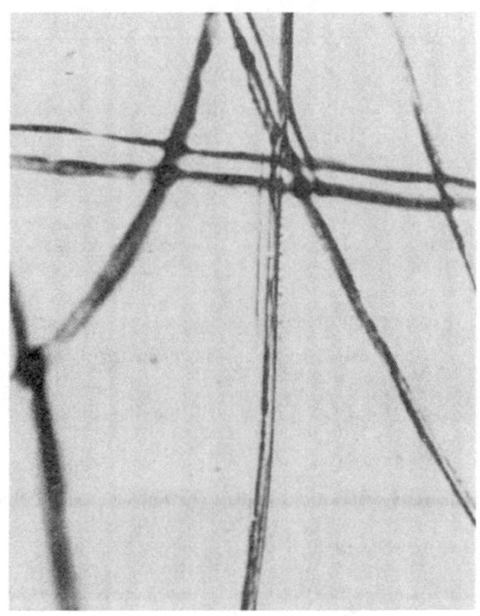

Bild 27. VIF I
Quellmittel: H_3PO_4, konz.
Quelldauer: 100 s

Bilder 10 bis 27. Quellformen bei Baumwolle (Bw), Zellstoff und Probe VIF I in verschiedenen Quellmitteln
(Vergrößerung 1:250)

2. *Cadoxen*

Mit *unverdünnter Lösung* in allen Fällen rasche, unbegrenzte Quellung, d. h. bei *Baumwolle* binnen 3 min unter starker Kugelbauchquellung, bei *Zellstoff* Querzerfall der Faserstruktur binnen 30 s, bei *Viskosefaser* Verquellung zu weitgehend strukturlosem Gel ohne scharfe äußere Konturen binnen 1 min.

Mit *2:1 verdünnte Lösung* (67%) in allen Fällen begrenzte Quellung ohne auffällige Quellformen, bei stärkerer Verdünnung keine Änderung; bei Verdünnung 3:1 (75%) für Viskosefaser Übergang von begrenzter zu unbegrenzter Quellung.

3. *Cuoxam*

Mit *unverdünnter* Lösung in allen Fällen unbegrenzte Quellung, mit *Baumwolle* während 30 bis 120 min allmähliche und ungleichmäßige Auflösung der Faserstruktur unter Kugelbauchquellung und Sichtbarwerden von Spiralstrukturen, mit *Zellstoff* sehr ungleichmäßige Auflösung der Faserstruktur unter ausgeprägter Kugelbauchquellung während 3 bis 60 min, mit *Viskosefaser* rasche Schnittendenquellung und Auflösung nach ca. 30 min z. T. unter Längszerfall, aber weniger ausgeprägt als bei EWNN.

Mit *2:1 verdünnter Lösung* (67%) und bei geringeren Konzentrationen in allen Fällen begrenzte Quellung; bei Baumwolle „Quellungskorrosion" an den Schnittenden.

c) *Konzentrierte Salzlösungen und Säuren*

1. *Konz. wäßrige $ZnCl_2$-Lösung*

In 79%iger *Lösung* bei *Baumwolle* begrenzte Quellung unter deutlicher trichterförmiger Schnittendenquellung, bei *Zellstoff* unter geringer Kugelquellung während 60 bis 150 min Auflösung unter Ausbildung von Spiralstrukturen, bei *Viskosefaser* begrenzte Quellung während 180 min mit Quellungskorrosion an den Schnittenden.

Bei $c \leqq 50\%$ mit *Baumwolle* und mit *Zellstoff* nur begrenzte Quellung mit Quellungskorrosion an Schnitt- bzw. Faserenden; mit *Viskosefaser* bei $c > 50\%$ unbegrenzte Quellung (Auflösung) während ca. 30 min unter ausgeprägtem Querzerfall der Faserstücke, bei niedrigen Konzentrationen begrenzte Quellung mit Quellungskorrosion an den Schnittenden.

2. *Konzentrierte wäßrige Phosphorsäure*

In 85%iger H_3PO_4 in allen Fällen unbegrenzte Quellung, bei *Baumwolle* Auflösung während 5 bis 10 min unter Bildung von Spiralstrukturen und Querrissen, bei *Zellstoff* Auflösung binnen 1 min ohne ausgeprägte Quellformen, bei *Viskosefaser* Auflösung vom Rande her unter ständiger Querschnittsverringerung während 2 bis 3 min, wobei zum Schluß lange, schmale „Spindeln" übrigbleiben.

In 76%iger H_3PO_4 bei *Baumwolle* nur begrenzte Quellung während 15 h ohne charakteristische Quellformen, bei *Zellstoff* desgl., bei *Viskosefaser* noch Auflösung während 5 bis 10 min ähnlich wie bei 85%iger H_3PO_4.

In 68%iger H_3PO_4 und bei geringeren Konzentrationen in allen Fällen nur begrenzte Quellung.

Die folgende Tabelle 6 faßt nochmals einige aus unseren Ergebnissen ableitbare halbquantitative Aussagen zusammen, wobei die Dickenquellungswerte Gleichgewichtswerte für begrenzte Quellung darstellen.

Tabelle 6. Dickenquellung und Lösezeiten für verschiedene Quellmittel und unterschiedliche Faserstrukturen

Quellmittel		Baumwolle	Zellstoff	Viskosefaser	
		Lösezeit min	Lösezeit min	Lösezeit min	Dickenquellung %
NaOH	2%	begrenzte Quellung	begrenzte Quellung	begrenzte Quellung	60
	4%	begrenzte Quellung	begrenzte Quellung	begrenzte Quellung	80
	6%	begrenzte Quellung	begrenzte Quellung	begrenzte Quellung	120
	8%	begrenzte Quellung	begrenzte Quellung	Übergang zur unbegr. Quellung	(200)
TÄOH	10%	begrenzte Quellung	begrenzte Quellung	begrenzte Quellung	80
EWNN	unverd.	90···120	5	—	—
	2:1 (67%)	begrenzte Quellung	15···30	—	—
	1:1 (50%)	begrenzte Quellung	begrenzte Quellung	80···120	—
Cadoxen	unverd.	2···30	1	ca. 1	—
	3:1 (75%)	—	—	1···10	—
	2:1 (67%)	begrenzte Quellung	begrenzte Quellung	begrenzte Quellung	140
	1:1 (50%)	begrenzte Quellung	begrenzte Quellung	begrenzte Quellung	67
Cuoxam	unverd.	ca. 150	10···60	ca. 60	—
	2:1 (67%)	begrenzte Quellung	begrenzte Quellung	begrenzte Quellung	60···80
$ZnCl_2$-Lsg.	79%	begrenzte Quellung	120···160	begrenzte Quellung	—
	50%	begrenzte Quellung	begrenzte Quellung	ca. 30	—
	40%	begrenzte Quellung	begrenzte Quellung	begrenzte Quellung	—
H_3PO_4	85%	3···10	1···1,5	2··· 3	—
	76%	begrenzte Quellung	begrenzte Quellung	4···10	—
	67%	begrenzte Quellung	begrenzte Quellung	begrenzte Quellung	67
	58%	begrenzte Quellung	begrenzte Quellung	begrenzte Quellung	57

Tabelle 7. Löserückstandswerte von Baumwolle (20°C)

Quellmittel		Lösezeit in min 5	10	30	60	180	360
NaOH	2 %	—	—	—	97,1	96,9	96,7
	6 %	—	—	—	96,8	96,7	96,8
	8 %	—	—	—	97,2	97,0	96,1
TÄOH	10%	—	—	—	97,2	95,4	94,6
EWNN	konz.	90,8	9,3	vollständig gelöst			
	1:1 verd.	—	—	—	96,5	96,4	—
Cadoxen	konz.	15,4	—	vollständig gelöst			
	1:1 verd.	—	—	96,1	95,8	—	—
Cuoxam	konz.	25,7	—	19,8	10,7	4,3	—
	1:1 verd.	—	—	96,0	96,0	95,4	95,2
$ZnCl_2$	76%	—	—	—	98,3	98,1	98,0
H_3PO_4	85%	90,6	86,0	79,1	—	75,2	52,5
	76%	—	—	95,6	95,1	94,8	94,5
	67%	—	—	97,2	97,4	96,5	96,8

Tabelle 8. Löserückstandswerte von Zellstoff (20°C)

Quellmittel		Lösezeit in min 5	10	30	60	180	360
NaOH	2%	—	—	—	99,8	98,9	98,5
	6%	—	—	—	95,9	95,7	95,4
	8%	—	91,2	90,8	—	90,5	—
TÄOH	10%	—	—	—	99,6	99,5	97,4
EWNN	konz.	11,9	6,3			—	—
	1:1 verd.	98,1	97,2	80,9	76,9	—	69,5
Cadoxen	konz.	6,5	4,9	—	—	—	—
	1:1 verd.	—	98,5	97,9	97,4	—	—
Cuoxam	konz.	7,1	—	6,5	4,9	4,0	—
	1:1 verd.	86,7	85,0	80,9	80,7	77,8	76,0
$ZnCl_2$	76%	98,5	95,4	94,5	92,3	—	87,1
H_3PO_4	85%	59,4	51,9	46,1	44,3	28,2	
	76%	—	—	—	97,4	96,3	95,4
	67%	—	—	—	99,0	98,4	97,0

Trotz der erheblichen Streubreite der Zahlenangaben läßt diese Tabelle erkennen, daß erstens — zumindest bei Viskosefasern — die Dickenzunahme bei begrenzter Quellung kaum wesentlich größer als 100% werden kann, da es anderenfalls zu einer Zerstörung der Faserstruktur unter unbegrenzter Quellung kommen muß, und daß zweitens bei unbegrenzter Quellung die Viskosität des Quellmittels für die hier als Verschwinden der Faserstrukturen definierte Lösedauer allenfalls einen sehr untergeordneten Faktor darstellt, wenn man die Lösezeiten in Tabelle 6 mit den Angaben der Tabelle 1 vergleicht und z. B. Cuoxam und Cadoxen oder EWNN und H_3PO_4 gegenüberstellt.

3.3. Zeitlicher Verlauf der Auflösung

Die mit Baumwolle, Zellstoff und Viskosefaser in Abhängigkeit von der Lösezeit mit den verschiedenen Quell- und Lösemitteln gefundenen Rückstandswerte sind in den Tabellen 7 bis 9 zusammengefaßt.

Die in den Tabellen zusammengefaßten Zahlenwerte lassen wieder die drei entscheidenden Einflußgrößen Quellmittelwert, Quellmittelkonzentration und Faserstruktur erkennen, wobei es recht schwierig ist, allein aus den hier vorliegenden Löserückstandswerten allgemeingültige Gesetzmäßigkeiten abzuleiten. Im allgemeinen ist der Lösevorgang bei unbegrenzter wie bei

Tabelle 9. Löserückstandswerte von Viskosefaser (20°C), Probe VIF 1

Quellmittel		Lösezeit in min 5	10	30	60	180	360	1400
NaOH	2%	—	—	—	98,7	98,8	98,7	—
	6%	91,7	89,9	—	87,6	87,5	87,9	—
	8%	67,9	64,8	60,6	—	58,8	53,0	55,2
TÄOH	10%	—	—	—	96,5	95,4	95,1	—
EWNN	konz.	97,8	78,2	7,2	0,0	0,0	0,0	—
					120 min			
EWNN	1:1 verd.	99,8	98,2	62,6	51,8	13,4	0,0	—
Cadoxen	konz.	0,4	0,0	0,0	—	—	—	—
	1:1 verd.	98,6	98,1	97,7	96,5	—	—	—
Cuoxam	konz.		5,4	—	1,6	—	—	—
	1:1 verd.	82,0	73,6	49,9	49,4	45,1	39,6	—
$ZnCl_2$ 76%		—	—	—	98,8	95,4	93,3	—
H_3PO_4	85%	7,6	6,3	0,1	0,1	—	—	—
	76%	—	—	90,3	89,8	88,9	88,7	—
	67%	—	—	98,2	98,7	98,3	—	—

begrenzter Quellung nach ca. 30 min weitgehend beendet.

Auffallend ist eine ausgeprägte Verzögerung im Lösebeginn bei konzentrierter EWNN-Lösung, die bei der viel höher viskosen 85%igen H_3PO_4 nicht auftritt. Bei den Metallkomplexlösungsmitteln gehen Änderung des mikroskopischen Quellbildes und Abnahme der Rückstandsmenge annähernd konform, und die Geschwindigkeit sinkt in der Reihenfolge Cadoxen > Cuoxam > EWNN. Andererseits kann bei annähernd gleichem hohem Löserückstand die Zerstörung der morphologischen Faserstruktur in recht unterschiedlichem Ausmaß erfolgt sein, wie ein Vergleich der Ergebnisse für NaOH bzw. TÄOH einerseits, $ZnCl_2$ andererseits ausweist. Eine quantitative Auswertung des zeitlichen Verlaufs der Faserauflösung versuchten wir mittels einer log (Rückstand)/t-Auftragung entsprechend einem Geschwindigkeitsgesetz erster Ordnung für den Löseprozeß. Hierbei wurden im allgemeinen zwei Geraden unterschiedlicher Neigung erhalten, von denen die steilere zu Anfang des Löseprozesses mit der Auflösung leicht zugänglicher Anteile, die flachere mit der Lösung höher geordneter Anteile in Zusammenhang gebracht werden können, wobei allerdings die Grenze zwischen beiden Strukturanteilen bei gegebenem Präparat stark von der Art des Lösemittels abhängig wäre.

Eine zusammenfassende Diskussion unserer experimentellen Ergebnisse gemeinsam mit bereits vorliegenden Literaturdaten erfolgt im Teil II dieser Arbeit.

Literatur

[1] *Dolmetsch, H., Franz, E.*, und *Correns, E.:* Zusammenhänge zwischen morphologischem Bau und Reaktionsweise technischer Zellstoffe. J. makromol. Chemie **1** (1963) S. 167–184.

[2] *Künschner, A.:* Querschnitts- und quellungsmorphologische Untersuchungen zur Unterscheidung der einzelnen Typen von Modalfasern untereinander und von anderen nach dem Viskoseverfahren hergestellten Fasern. Chemiefasern **17** (1967) S. 596–601; 744–752; 799–816; 1002–1009; **18** (1968) S. 54–60; 123–132.
Künschner, A.: Die Charakterisierung von Viskosefasern durch ihr Quellungsverhalten in EWNN und *Marschall*-Lösung. Chemiefasern **15** (1969) S. 662–668, 783.

[3] *Bobeth, W., Mally, A.*, und *Lohauß, R.:* Nutzungsmöglichkeit der Lichtmikroskopie zur Analyse der Beschaffenheit von strukturell modifizierten Viskosefasern. Faserforsch. u. Textiltechnik **22** (1971) S. 287–296.
Bobeth, W.: Synthetische Faserstoffe — Eigenschaften und mikroskopische Erkennungsreaktionen. Faserforsch. u. Textiltechnik **5** (1954) S. 115–130; 168–170.

[4] *Philipp, B.*, und Mitarbeiter: Strukturuntersuchung an Celluloseregeneratfäden mit chemischen Accessibilitätsmethoden. Faserforsch. u. Textiltechnik **15** (1964) 30–39; **16** (1965) S. 173–180; 277–281; 449–456; **18** (1967) S. 372–380.

(5) *Hampe, H.*, und *Philipp, B.:* Strukturuntersuchungen an Kräuselzellwollen mit Hilfe ihres Quell- und Löseverhaltens. Cellulose Chem. Technology, Jassy/Rum. in Vorber.

[6] *Edelmann, K.*, und *Horn, E.:* Zur Herstellung und Anwendung der alkalischen Eisen-Weinsäure-Natrium-Komplexlösung für die viskosimetrische DP-Bestimmung der Cellulose. Faserforsch. u. Textiltechnik **9** (1958) S. 493–500.

[7] *Doering, H.:* Zur Bestimmung des DP von Zellstoffen in der Betriebskontrolle. Papier **8** (1954) S. 383–387.

[8] *Kocevar, F., Pogacnik, M.*, und *Poroden, V.:* Eine Modifizierung der Schnellmethode zur Bestimmung des DP von Cellulose nach *H. Doering*. Papier **11** (1957) S. 301–303.

[9] *Donetzhuber, A.:* Zur Herstellung des Celluloselösungsmittels „Cadoxen". Svensk Papperstidn. **63** (1960) S. 447 bis 448.

Eingegangen am 9. Juni 1972

Die Wirkung einiger chemischer Behandlungen auf die Eigenschaften gereinigter ägyptischer Baumwollabfallfasern

M. Amine Abou-State und Fouad F. Abd El-Megeid

Chemische Abteilung, Wissenschaftliche Fakultät, Universität Kairo, Giza, VAR

DK 677.21(62):677.08:661.728.312:542.938:677.027

Durch alkalischen Aufschluß mit Vorhydrolyse wurden aus ägyptischen Baumwollabfallfasern Chemiezellstoffe erhalten. Vorhydrolyse und Zellstoffkochung konnten sowohl unter Atmosphärendruck als auch unter hohem Druck durchgeführt werden. Der leicht erhöhte Asche- und SiO_2-Gehalt bei Kochung unter Atmosphärendruck wurde durch Anwendung einer Heißveredlung in der zweiten Bleichstufe herabgesetzt. Diese Behandlung verbessert die submikroskopischen und physikalischen Eigenschaften der Fasern und erhöht ihre Reaktivität gegenüber der Xanthogenierung. Die Wirkung der Heißveredlung bei Kochung unter erhöhtem Druck und unter Normaldruck wird verglichen.

Влияние ряда химических обработок на свойства очищенных хлопчатобумажных угаров египетского происхождения

Из хлопчатобумажных угаров путем щелочной варки с предгидролизом были получены целлюлозы для химической переработки. Процессы предгидролоза и варки проводились как под атмосферном, так и под высоком давлении. Слегка завышенное содержание золы и скиси кремния в случае варки под атмосферном давлении удавалось снизить путем горячего облагораживания на второй ступени отбелки. Эта обработка приводит к улучшению субмикроскопических и физических свойств волокон, а также к повышению их реакционной способности при ксантогенировании. В заключение было проведено сравнение эффектов горячего облагораживания для варок под атмосферном и под повышенном давлении.

The Effect of Chemical Treatments on the Properties of purified Egyptian Cotton Waste Fibers

Egyptian cotton waste fibers were converted to chemical pulp by alkaline pulping after pre-hydrolysis. Prehydrolysis and pulping were performed under normal and elevated pressure. The content of ashes and SiO_2 was somewhat higher after pulping under normal pressure but was reduced by high temperature refinement in the second bleaching stage. This treatment resulted in more favorable physical properties and higher reactivity in xanthation of the fibers. The effect of high temperature refinement after pulping at normal and elevated pressure is compared.

1. Einführung und Zielsetzung

Baumwolle ist das landwirtschaftliche Hauptprodukt der VAR. Es gibt eine Reihe von Spinnereien, in denen große Mengen von Baumwollabfallfasern anfallen. Selbstverständlich stellen diese Abfallfasern eine bedeutende Rohstoffquelle für die Gewinnung von Zellstoffen mit hohem α-Cellulosegehalt dar. Jedoch werden sie gegenwärtig nicht industriell zur Herstellung von Chemiezellstoffen genutzt. Die vorliegende Arbeit sollte deshalb einige Aspekte der Chemiezellstoffgewinnung aus ägyptischen Baumwollabfallfasern untersuchen.

Es ist bekannt, daß die Viskosierbarkeit von Baumwollcellulose schlechter ist als die von Holzcellulose [1, 2]. Das Ziel unserer Arbeit war es daher auch, hochreaktive Baumwollzellstoffe mit offenerer und zugänglicherer innerer Struktur herzustellen. Die Reaktivität eines Zellstoffes hängt von seiner morphologischen Struktur ab, d. h. von der Dicke der verschiedenen Zellwände, von der Orientierung der Fasern und von der Größe der interfibrillären und intermizellären Hohlräume. Die morphologische Struktur wiederum hängt vom Typ des Rohmaterials sowie vom Koch- und Bleichgrad ab, d. h. von der Erhaltung der urspünglichen biochemischen Struktur [3].

Die physikalische Struktur, wie etwa der Polymerisationsgrad, spielt ebenfalls eine bedeutende Rolle. Auch die chemische Zusammensetzung des Zellstoffes, zumindest unter dem Gesichtspunkt, daß sie zeigt, inwieweit die native morphologische Struktur angegriffen ist, beeinflußt die Reaktivität. Die Verteilung verschiedener nichtcellulosischer Komponenten auf der Oberfläche der Mizellen und Fasern wirkt sich ebenfalls auf die Reaktivität aus [4]. Wir untersuchten in dieser Arbeit die Wirkung verschiedener Koch- und Veredlungsbedingungen auf die chemische, physikalische und submikroskopische Struktur.

2. Experimentelles

2.1. Mechanische Reinigung

Die Baumwollabfallfasern wurden meist in Stücke von ungefähr 1 cm Länge geschnitten und dann auf einer perforierten Unterlage mit einem Porendurchmesser von 2 mm mit Druckluft behandelt.

2.2. Vorhydrolyse und Zellstoffkochung

Bei den unter Atmosphärendruck durchgeführten Versuchen wurden Vorhydrolyse und Kochung in einem mit Rückflußkühler versehenen Rundkolben durchgeführt, während die Versuche mit höherem Druck in geschlossenen Behältern erfolgten. Die Temperatur wurde mittels Thermostat eingestellt.

2.3. Bleiche

Die Cellulose wurde zunächst mit 0,5% Chlor (bezogen auf Zellstoff) 30 min bei 20 °C bei einer Stoffdichte von 3% chloriert. Während der Chlorierung wurde der pH-Wert überwacht, so daß er einen Wert von 2 nicht überschritt. Nach der Chlorierung wurde der Zellstoff mit Natriumhydroxidlösungen 30 min bei einer Stoffdichte von 7% mit Natronlaugen unterschiedlicher Konzentration behandelt. Die Temperatur betrug 40 °C und bei anderen Versuchen 80 °C. In der letzten Stufe wurde eine gepufferte alkalische Natriumhypochloritlösung angewendet. Die Menge an Aktivchlor entsprach 30% der in der ersten Stufe verwendeten Chlormenge. Diese Behandlung erfolgt 30 min bei 40 °C bei einer Stoffdichte von 3%.

2.4. Chemische Analyse

2.4.1. Die Ätherlöslichkeit sowie der Asche- und α-Cellulosegehalt wurden nach Tappi-Standards bestimmt [5].

2.4.2. Siliciumdioxid [6]

Der SiO_2-Gehalt wurde in der Asche durch Schmelzen der Asche mit wasserfreiem Natriumcarbonat im Platintiegel und anschließender Behandlung mit HCl 1:1 bestimmt. Das Material wurde zur Trockene gebracht und der Rückstand durch 1 h Erhitzen auf 110 bis 120 °C dehydratisiert. Das SiO_2 wurde dann mit konzentrierter Salzsäure angefeuchtet, mit Wasser versetzt, über ein aschefreies Filter abfiltriert und in einem Muffelofen bei 900 °C geglüht.

2.5. Physikalische Eigenschaften

Zur Ermittlung des Durchschnittspolymerisationsgrades (DP) wurde die Cellulose in Cuoxam gelöst, die Viskosität bestimmt und der DP nach der Methode von *Büchs* und *Mertens* berechnet [7].

2.6. Submikroskopische Struktur

Zur Messung der submikroskopischen Eigenschaften von Zellstoff gibt es keine absoluten Methoden. Einige Eigenschaften der Cellulose geben jedoch eindeutige Hinweise auf die vorliegende submikroskopische Struktur, so z. B. der Quellungsgrad in Wasser oder in Natronlauge. Die Reaktivität ist ein Maß für die Accessibilität des Zellstoffes gegenüber dem Reaktanden und damit für die Größe der interfibrillären und intermizellären Hohlräume. Die submikroskopische Struktur schließt auch das Verhältnis von kristallinem zu amorphem Anteil ein.

2.6.1. Wasserrückhaltevermögen (WRV)

Das WRV wurde nach *Jayme* durch Quellen des Zellstoffes in Wasser und anschließendes Zentrifugieren zur Entfernung des Wasserüberschusses bestimmt. Der zentrifugierte Zellstoff wurde gewogen, getrocknet und dann erneut gewogen. Anschließend erfolgt die Berechnung des Wasserrückhaltevermögens.

2.6.2. Laugenrückhaltevermögen (LRV) und Natriumhydroxidrückhaltevermögen (NaOH-RV)

Der Quellungsgrad in Natronlauge wurde durch Quellen des Zellstoffes in Natronlauge von Mercerisierstärke bei 20 °C und anschließendes Zentrifugieren zur Entfernung des überschüssigen Alkalis bestimmt. Der zentrifugierte Zellstoff wurde gewogen, mit destilliertem Wasser neutral gewaschen, bei 105 °C bis zur Massekonstanz getrocknet und erneut gewogen. Die gesammelten Waschlösungen wurden mit eingestellter Salzsäure titriert. Auf diese Weise wurden sowohl das Laugenrückhaltevermögen (LRV) als auch die vom Zellstoff absorbierte Menge NaOH in g (NaOH-RV) bestimmt.

2.6.3. Kristallinitätsgrad

Während die physikalischen Methoden direkte Methoden zur Messung des Kristallinitätsgrades darstellen, handelt es sich bei den chemischen Methoden um indirekte Methoden der Accessibilitätsbestimmung der Cellulose. Auf Grund einer Rekristallisation der Cellulose, die die Reaktion begleitet, geben solche Methoden höhere Werte als die physikalischen Verfahren. Sie sind jedoch sehr empfindlich und für Vergleichszwecke gut brauchbar.

In der vorliegenden Arbeit wurde der Kristallinitätsgrad nach der Methode der heterogenen Säurehydrolyse von *Phillip, Nelson* und *Ziifle* [10] durch unterschiedlich langes Kochen der Cellulose mit 3 n HCl bestimmt. Der Rückstand wurde getrocknet, gewogen, und der Logarithmus des Rückstandes in Prozent wurde gegen die Hydrolysezeit aufgetragen. Der der kristallinen Cellulose entsprechende geradlinige Teil der Kurve wurde in der logarithmischen Darstellung auf die Zeit Null extrapoliert und so der Kristallinitätsgrad gemessen.

2.6.4. Reaktivität gegenüber Xanthogenierung

Die Grundlage für die Reaktivitätsbestimmung ist eine Xanthogenierung des Zellstoffes unter ungünstigen Bedingungen, die zur Bildung einer Viskose mit beträchtlichen Mengen an ungelöster Cellulose führen, deren Anteil ein Maß für die Reaktivität ist. Die Viskosen wurden von je 0,5 g Zellstoff durch Emulsionsxanthogenierung in 50 ml 8%iger NaOH mit 1 ml Schwefelkohlenstoff hergestellt. Nach der Methode von *Fock* [11] wurde die in der Viskose gelöste Cellulose volumetrisch bestimmt und von der Ausgangsmenge an Cellulose abgezogen.

3. Ergebnisse und Diskussion

3.1. Wirkung der mechanischen Reinigung

Es wurde gefunden, daß sich die mechanische Reinigung stark in einer Erniedrigung des Asche- und SiO_2-Gehaltes auswirkt. Der Aschegehalt wurde von 6,53 auf 2,41% und der SiO_2-Gehalt von 3,05 auf 1,01% herabsetzt. Aus diesem Grunde wurden alle Versuche mit mechanisch gereinigten Baumwollabfallfasern ausgeführt.

3.2. Vorhydrolyse und Zellstoffkochung

Die mechanisch gereinigten Fasern wurden einer alkalischen Kochung mit Vorhydrolyse unterworfen. Die Vorhydrolyse- und Kochbedingungen sind in Tabelle 1 angegeben.

Aus einem Vergleich der Versuche I und II, die mit Ausnahme des Flottenverhältnisses, das im ersten Fall 10:1 und im zweiten Fall 20:1 betrug, unter genau den gleichen Bedingungen durchgeführt wurden, ist zu ersehen, daß die Erniedrigung des Flottenverhältnisses zu einer Herabsetzung des DP von 2770 auf 2390

Tabelle 1. Alkalische Kochung mit Vorhydrolyse von ägyptischem Baumwollabfall

	Versuchsreihe	I	II	III
Vorhydrolyse	g H_2SO_4/100 g Abfall	2	2	1
	Konz. der H_2SO_4-Lösung in %	0,2	0,1	0,1
	Flottenverhältnis	10:1	20:1	10:1
	Maximale Temperatur in °C	100	100	120
	Zeit bei der maximalen Temperatur in h	1	1	3/4
Kochung	g NaOH/100 g vorhydrolysiertem Abfall	20	20	12
	Konz. der NaOH-Lösung in %	2	1	1,2
	Flottenverhältnis	10:1	20:1	10:1
	Maximale Temperatur in °C	100	100	130
	Zeit bei der maximalen Temperatur in h	2	2	1,5
	Aschegehalt in %	0,60	0,61	0,34
Analyse des gebleichten Zellstoffs	Ausbeute in %	83,2	84,5	79,3
	Ätherextrakt in %	0,9	1,2	1,1
	Aschegehalt in %	0,20	0,18	0,10
	SiO_2 in %	0,05	0,05	0,03
	DP	2390	2770	1583
	α-Cellulosegehalt in %	99,5	99,3	99,6

führt. Mit Ausnahme des leicht erhöhten Aschegehaltes (0,20 bzw. 0,18%) zeigen beide Zellstoffe einen hohen Reinheitsgrad. Die Kochung bei einem Flottenverhältnis von 20:1 (Versuch II) war jedoch günstiger, da sie ein homogeneres Produkt lieferte.

In Versuch III, in dem sowohl die Vorhydrolyse als auch die Kochung bei erhöhtem Druck durchgeführt wurde, wies der gebleichte Zellstoff, wie sein hoher α-Cellulosegehalt (99,6%) zeigt, einen hohen Grad von chemischer Reinheit auf.

Auch der Asche- und SiO_2-Gehalt waren hinreichend niedrig (0,10 bzw. 0,03%). Bei diesem Versuch waren die Chemikalienkonzentration niedriger und die Vorhydrolyse- und Kochzeit kürzer als bei den Versuchen I und II. Bei Versuch III ergab das Flottenverhältnis von 10:1 eine homogene Kochung.

3.3. *Wirkung einer Heißveredlung auf den Asche- und SiO_2-Gehalt*

Es wurde versucht, den etwas hohen Asche- und SiO_2-Gehalt bei Versuch II durch Anwendung einer Heißveredlung in der zweiten Bleichstufe, d. h. durch Anwendung einer höheren NaOH-Konzentration und einer höheren Temperatur, herabzusetzen. Die Ergebnisse sind in Tabelle 2 zusammengefaßt. Bei Verwendung von 4%iger NaOH (bezogen auf Zellstoff) und Erhöhung der Temperatur von 40 auf 80°C wurden der Asche- und SiO_2-Gehalt nur wenig reduziert (Versuch II, Zellstoff 1 und 2). Eine weitere Erhöhung der NaOH-Konzentration auf 8% führte ebenfalls zu einer geringen Abnahme des Asche- und SiO_2-Gehaltes (Versuch II, Zellstoff 3). Der α-Cellulosegehalt der drei Zellstoffe war praktisch der gleiche. So wurde die chemische Zusammensetzung des Zellstoffes nur wenig durch die Intensivierung der zweiten Bleichstufe beeinflußt. Das steht im Gegensatz zu den physikalischen und submikroskopischen Kenngrößen des Zellstoffs, die in starkem Maße beeinflußt wurden. Der DP wurde von 2770 (Zellstoff 1) auf 2701 (Zellstoff 2) und 811 (Zellstoff 3) herabgesetzt. Auch der Kristallinitätsgrad wurde erniedrigt, und zwar von 98,4 auf 97,6 bzw. 92,3%, während das Laugerückhaltevermögen wie auch das NaOH-Rückhaltevermögen ansteigen. Für das Wasserrückhaltevermögen und die Xanthogenierbarkeit konnte jedoch keine eindeutige Abhängigkeit von den verschärften Bedingungen der zweiten Bleichstufe beobachtet werden.

Bei Parallelversuchen mit dem Zellstoff von Versuch III zeigte sich eine deutliche Beeinflussung sowohl der chemischen als auch der submikroskopischen und physikalischen Kenngrößen des Zellstoffs. Das könnte darauf zurückzuführen sein, daß dieser Zellstoff unter drastischeren Bedingungen hergestellt wurde als der von Versuch II (was sich in der geringeren Ausbeute und dem niedrigeren DP ausdrückt), so daß er gegenüber einer Erhöhung der NaOH-Konzentration und der Temperatur während der zweiten Bleichstufe empfindlicher war. Hier wurde die gleiche Wirkung erzielt wie im Fall von Versuch II, aber sie war noch ausgeprägter.

3.4. *Vergleich zwischen den Kochungen bei Normaldruck und denen bei erhöhtem Druck*

Es wurde schon früher festgestellt, daß eine Erniedrigung des DP des Zellstoffs immer von einer offeneren und zugänglicheren inneren Struktur begleitet war, was sich in einem niedrigeren Kristallinitätsgrad und höheren Werten für das NaOH- und Laugerückhaltevermögen ausdrückt. Deshalt sollten, um einen einwandfreien Vergleich zwischen Normaldruckkochung und Kochung bei erhöhtem Druck ziehen zu können, die beiden Zellstoffe den gleichen DP haben. Die Zellstoffe 3 und 6 (Tabelle 2) wurden für diesen Vergleich herangezogen. Sie hatten praktisch den gleichen DP (811 bzw. 800) und waren beide zur Viskoseherstellung geeignet. Davon war der erste Zellstoff unter Atmosphärendruck und der zweite bei erhöhtem Druck hergestellt. Bleich- und Veredlungsbedingungen waren für beide exakt die gleichen. Zellstoff 6 zeigte einen niedrigeren Asche- und SiO_2-Gehalt. Der unter Atmosphärendruck erkochte Zellstoff hatte jedoch den Vorzug einer höheren Affinität gegenüber Alkali und einer besseren Xanthogenierbarkeit.

4. *Zusammenfassung*

Trotz des hohen Aschegehaltes von 6,53 bzw. 3,05% können aus ägyptischen Baumwollabfallfasern Chemiezellstoffe erhalten werden. Das Rohmaterial sollte zuerst mechanisch gereinigt werden. Daran schließt sich die Vorhydrolyse-Alkali-Kochung an. Vorhydrolyse und Kochung können so-

Tabelle 2. Einfluß der Heißveredlung auf die physikalischen, submikroskopischen und chemischen Eigenschaften der Zellstoffe

Versuchsreihe	II	II	II	III	III	III
Zellstoffprobe	1	2	3	4	5	6
g NaOH/100 g Zellstoff	4	4	8	4	4	8
Temperatur in °C	40	80	80	40	80	80
Ausbeute in %	84,5	83,1	81,6	79,3	78,6	75,8
Ätherextrakt in %	1,2	1,2	1,2	1,1	1,1	1,0
Aschegehalt in %	0,18	0,15	0,12	0,10	0,08	0,04
SiO_2 in %	0,05	0,04	0,03	0,03	0,02	0,01
DP	2770	2701	811	1583	1400	800
α-Cellulose in %	99,3	99,2	99,2	99,6	99,5	99,4
WRV in %	26,0	25,6	26,5	24,2	27,5	27,1
LRV in %	197,2	220,1	339,3	221,0	290,3	329,5
NaOH-RV in %	47,1	48,0	52,3	45,6	47,4	49,0
Kristallinitätsgrad in %	98,4	97,6	92,3	96,2	95,8	93,5
Reaktivität (% unlösliche Cellulose)	92,5	93,3	91,0	93,2	93,0	92,1

wohl bei Atmosphärendruck als auch unter erhöhtem Druck durchgeführt werden. Der leicht erhöhte Asche- und SiO_2-Gehalt bei der Normaldruckkochung ließ sich durch Anwendung einer Heißveredlung in der zweiten Bleichstufe herabsetzen. Die Heißveredlung verbessert auch die submikroskopischen und physikalischen Kenngrößen des Zellstoffs. Jedoch ist ihre Wirkung im Falle der Kochung bei erhöhtem Druck ausgeprägter. Obwohl die Kochung bei Normaldruck einen höheren Asche- und SiO_2-Gehalt liefert, hat sie jedoch den Vorteil einer höheren Ausbeute, einer höheren Affinität gegenüber Alkali und einer höheren Reaktivität gegenüber der Xanthogenierung.

Literatur

[1] *Kiselava, V. P.:* Nauč.-Issl. Trudy Vsesojuž. Nauč.-Issled. Inst. Iskus. Volokna **16** (1955) 2; ref.: C. A. **53** (1959) 10771.

[2] *Fahmy, Y. A.*, und *Abou-State, M. A.:* Über die Beurteilung von Viskosezellstoffen. Teil I. Einfluß der morphologischen, chemischen und mancher physikalischer Eigenschaften des Zellstoffs auf die Viskosefiltrierbarkeit. Papier **15** (1961) S. 44—51.

[3] *Jayme, G.:* Zellstoff 1939—1946. Darmstadt: Verein Zellcheming 1953, S. 105.

[4] *Jayme, G.:* Properties of wood celluloses I. Chemical and morphological factors influencing pulp strength properties. Tappi, New York **41** (1958) S. 178A—180A.

[5] Tappi Standards, Technical Association of the Pulp and Paper Industry, 360 Lexington Avenue, New York, N. Y. 10017.

[6] *Vogel, A. I.:* Quantitative Inorganic Analysis. London/New York/Toronto: Longmans, Green and Co. 1953, S. 588.

[7] *Büchs, L.*, und *Mertes, F.:* Vereinfachte Methode zur Messung des Durchschnittspolymerisationsgrades nativer und regenerierter Cellulose in einer modifizierten Cuoxam-NaOH-Lösung. Melliand Textilber. **45** (1964) S. 275—276.

[8] *Jayme, G.:* Properties of wood celluloses. II. Determination and significance of water retention value. Tappi, New York **41** (1958) S. 180A—183A.

[9] *Ott, E.*, *Spurlin, H. M.*, und *Grafflin, M. W.:* Cellulose and cellulose derivatives. Vol. 1. New York: Interscience Publishers 1954, S. 277.

[10] *Philipp, H. J.*, *Nelson, M. L.*, und *Ziifle, H. M.:* Crystallinity of cellulose fibers as determined by acid hydrolysis. Textile Res. J. **17** (1947) S. 585—596.

[11] *Fock, W.:* Eine modifizierte Methode zur Bestimmung der Reaktivität von Zellstoffen für die Viskoseherstellung. Papier **13** (1959) 5/6, S. 92—95.

Eingegangen am 5. Juni 1972

Über die Gleichmäßigkeit der Feinheit von endlos schmelzersponnenen Fäden – Einfluß des Spinnaggregats

François Terrier

Zimmer Fasertechnik AG, Frankfurt/Main

DK 677.4—486.2:677.021.125.27:677.021.125.1:677.017.314

Der Einfluß des Spinnaggregats auf die Gleichmäßigkeit der Feinheit von Filamenten wird untersucht. Theoretische Gleichungen werden entwickelt, die bei einer Verstopfung der Düsenfilter oder bei einem Filterwechsel den Einfluß des Durchsatzes der Spinnpumpe und der Förderpumpe beim Direktspinnen sowie den Einfluß der Anzahl der Spinnstellen wiedergeben. Ebenso wird die Anwendung des Extruders betrachtet. Die Vorteile der Druckregelung vor dem Verteiler werden hervorgehoben, und der quantitative Einfluß des Durchsatzes der Spinnpumpe wird untersucht.

О равномерности по толщине сформованных из расплава филаментных нитей. Влияние прядильного агрегата на равномерность толщины

Изучено влияние прядильного агрегата на равномерность филаментных нитей по толщине. Выведены теоретические зависимости, выражающие влияние производительности прядильных насосов и количества прядильных мест в случае закупорки фильтров перед фильерами или смены фильтров. В том же смысле рассматривается применение экструдера. Подчеркнуты преимущества регулирования давления до распределителя и изучено количественное влияние производительности прядильного насоса.

The Evenness of the Fineness of Contineous Filaments obtained by Melt Spinning. Influence of the Spinning Equipment

The influence of the kind of spinning equipment on the evenness of filaments is investigated. Theoretical considerations resumed in equations, which relate the slip of the spinning pump and metering pump in direct spinning as well as the number of spinnerets to the fineness, particularly in cases of spinneret plugging and filter change. The application to extruders is described. The advantages of pressure control before the distributor and the quantitative effect of the slip of the spinning pump are explained.

1. Einleitung

Bei der Chemiefaserherstellung werden immer höhere Anforderungen an das Endprodukt gestellt. Eine wichtige Eigenschaft, die besonders beachtet werden muß, ist die Gleichmäßigkeit der Feinheit, also die Konstanz des Querschnittes der Fäden. In einer industriellen Spinnerei sind verschiedene Gleichmäßigkeiten der Feinheit zu beachten: Die Gleichmäßigkeit entlang des Fadens, die Gleichmäßigkeit von Elementarfaden zu Elementarfaden innerhalb einer Spinnstelle und die der Fadenbündel von Spinnstelle zu Spinnstelle. Im folgenden wird das Interesse nur auf die Gleichmäßigkeit der Feinheit von Spinnstelle zu Spinnstelle gerichtet. Außerdem wird von den vielen Variablen, von denen diese Größe abhängt, nur der Einfluß des Druckes im Spinnsystem untersucht.

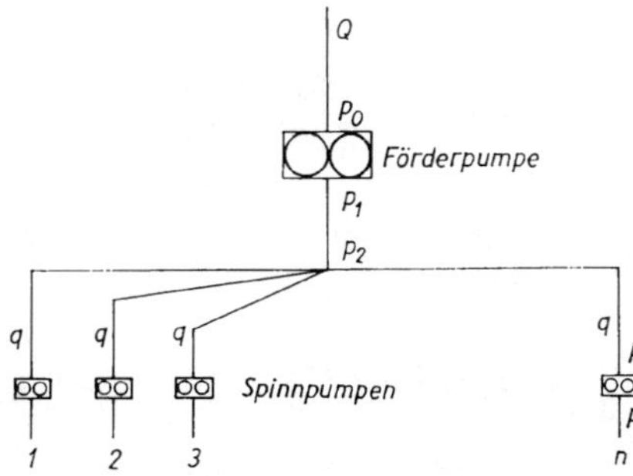

Bild 1. Schema des idealisierten Spinnsystems
Q: Fördermenge der Förderpumpe
q: Fördermenge einer Spinnpumpe

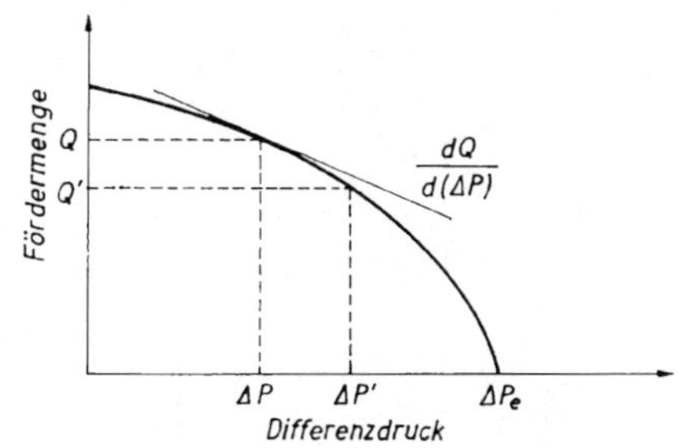

Bild 2. Kennlinie einer Pumpe

2. *Theoretische Betrachtungen*

2.1. *Grundsätzliches zum Gesamtsystem*

Um den Einfluß einer Druckänderung in dem Spinnsystem auf die Gleichmäßigkeit der Feinheit in einer Spinnerei theoretisch zu untersuchen, wird ein idealisierter Fall betrachtet, in dem das Spinnsystem völlig symmetrisch und alle Spinnstellen konstruktiv gleich sind. Bild 1 gibt das Schema für das betrachtete, idealisierte Spinnsystem wieder.

Die Schmelze fließt aus der Polymeranlage (beim Direktspinnen) mit einer Menge Q durch eine Förderpumpe, die eine mit n Spinnstellen versehene Spinnreihe beschickt. Hinter der Förderpumpe wird der Strom durch ein zentrales Verteilersystem in n Zweige geteilt. Jede Leitung vom zentralen Verteilersystem zu jeder Spinnpumpe soll gleich lang sein und den gleichen Querschnitt haben. Jede einzelne Spinnpumpe fördert die Menge q. Unter einer Spinnpumpe verstehen wir den Teil des Spinnsystems, dem eine Spinnpumpe zugeordnet ist. Zur Vereinfachung wird angenommen, daß jede Spinnpumpe eine Spinndüse beschickt, also zu einer Spinnstelle nur eine Spinndüse gehört. Jedoch sind die Ergebnisse der folgenden Berechnungen nicht auf diesen einen Fall begrenzt. Unter einer Spinnreihe wollen wir allgemein alle Spinnstellen verstehen, die von derselben Förderpumpe gespeist werden (auch wenn diese Spinnstellen räumlich in mehreren Reihen angeordnet sind).

P_0, P_1, P_2, P_3, P_4 sind die Drücke jeweils unmittelbar vor und nach der Förderpumpe, im zentralen Verteilersystem und unmittelbar vor und nach der betreffenden Spinnpumpe. Bei Veränderungen werden die neuen Größen mit einem Strich bezeichnet, um sie von den Werten im alten Zustand zu unterscheiden. q_i ist beispielsweise der Durchsatz durch die Spinnpumpe i vor, und q_i' nach einer Parameteränderung. Beim Spinnen aus Schnitzeln wird ein Extruder vor oder anstelle der Förderpumpe in Bild 1 eingesetzt.

2.2. *Lässigkeit einer Pumpe*

Bild 2 gibt schematisch die charakteristische Kurve einer üblichen Pumpe wieder. Die Lässigkeit oder der Schlupf S bezeichnet die rel. Änderung des Durchsatzes bei der Änderung des Differenzdruckes ΔP zwischen Austritt und Eintritt der Pumpe.

Die Lässigkeit hängt unmittelbar mit der Tangente der Kurve in dem betrachteten Punkt (vgl. Bild 2) zusammen:

$$S = \frac{1}{Q} \cdot \frac{dQ}{d(\Delta P)}; \qquad (1)$$

S in 1/at, wenn ΔP in at.

S ist eine Funktion von P oder Q und fällt mit steigendem ΔP ab (bzw. ihr Absolutwert nimmt zu). Diese Funktion $S = S(\Delta P)$ hängt von einer Anzahl von Faktoren ab: der Viskosität des geförderten Produktes, dem Typ der Pumpe; der Form der Zahnräder und ihrer Abnutzung, dem Radial- und Axialspiel, der Drehzahl beispielsweise für eine Zahnradpumpe usw.

Um Berechnungen durchführen zu können, wird die Änderung von S mit ΔP vernachlässigt. Bei kleiner Änderung von ΔP ist diese Annahme voll berechtigt. Bei großer ΔP-Änderung muß eine durchschnittliche Lässigkeit nach der Gleichung

$$S = \frac{Q' - Q}{Q \cdot (\Delta P' - \Delta P)} \qquad (2)$$

ermittelt werden.

Eine Schwierigkeit liegt darin, daß der Endzustand $(\Delta P', Q')$ im allgemeinen nicht bekannt ist. Deshalb wird bei einem Schlupfproblem zuerst mit Hilfe der Formel (1) ein erster Endzustand $(\Delta P_0', Q_0')$ berechnet. Dann wird die Formel (2) angewandt und durch eine Einschachtelungsmethode (try and error) der Endzustand $(\Delta P', Q')$ genau ermittelt. Dieser Punkt ist somit klargestellt und braucht nicht weiter behandelt zu werden. Die Lässigkeit S wird im folgenden als durchsatzunabhängig betrachtet und im Endzustand nach der Formel (2) korrigiert.

Bild 3 gibt eine typische Lässigkeitskurve als Funktion der Druckunterschiede ΔP wieder. Wenn der Gegendruck ΔP bis zu dem Grenzwert ΔPe steigt, so daß die Fördermenge (bei konstanter Drehzahl) Null wird, dann geht die Lässigkeit asymptotisch nach unendlich.

Für ein späteres Rechenbeispiel soll schon hier die Größenordnung der Lässigkeit für Pumpen angegeben werden. Für Spinnpumpen, für die, wie weiter unten zu sehen ist, ein kleiner Absolutwert der Lässigkeit gefordert wird, sind bei den neuesten Modellen für einen großen ΔP-Bereich Lässigkeiten von $-0{,}05 \cdot 10^{-3}$ 1/at zu finden. Bei älteren Modellen und abgenutzten Pumpen beträgt die Lässigkeit nur $-0{,}2 \cdot 10^{-3}$ 1/at bei mäßigem Differenzdruck.

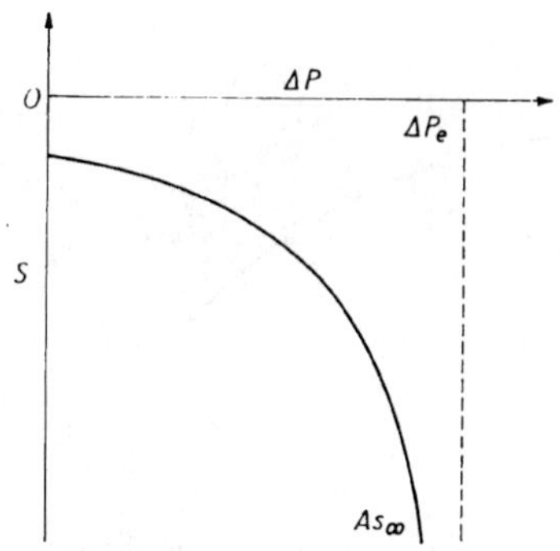

Bild 3. Lässigkeit einer Pumpe als Funktion des Druckunterschiedes ΔP

Für Förderpumpen ist eine Lässigkeit von $-1 \cdot 10^{-3}$ 1/at bei kleinem ΔP üblich. Die Absolutwerte steigen bei höheren ΔP. Es ist möglich, den Absolutwert der Lässigkeit für eine bestimmte Pumpe dadurch zu steigern, daß man z. B. das Axialspiel vergrößert.

2.3. Gleichungen

Nun sollen allgemein gültige Gleichungen entwickelt werden, die für jeden beliebigen Fall in den Abschnitten 3 bis 5 diskutiert werden.

Zusätzlich zu den in 2.1 gemachten Annahmen, daß das Spinnsystem völlig symmetrisch und alle Spinnstellen konstruktiv gleich und für das Spinnen gleichwertig sind, wird weiter folgendes vorausgesetzt:

Die Charakteristiken aller Spinnpumpen sind gleich. Nur stationäre Zustände werden betrachtet; Druckstöße sowie Übergangswerte sind außer acht gelassen. Bei der Betrachtung einer Parameteränderung werden die vorher und nachher bestehenden stationären Zustände miteinander verglichen. Die Schmelze ist als inkompressibel, der Druck P_0 (Vordruck der Förderpumpe) als konstant und der Druckverlust in den Leitungen proportional zur Fördermenge angenommen.

Es gelten folgende Gleichungen:

$$P_1 - P_2 = A \cdot Q, \tag{3}$$

$$P_2 - P_3 = B \cdot q; \tag{4}$$

A, B sind Konstante in at/Fördermenge.

Für die Meßstellenanordnung der Drücke P_1 bis P_4, siehe Bild 1

Die Gleichung (4) gilt für eine beliebige Spinnstelle. Wir definieren:

$$\Delta P_f = P_1 - P_0, \tag{5}$$

$$\Delta P_s = P_4 - P_3; \tag{6}$$

P_f, P_s: Druckaufbau der Förderpumpe und Druckaufbau einer beliebigen Spinnpumpe.

Die Schlupfgleichungen lauten:

$$S_f = \frac{1}{Q} \cdot \frac{Q' - Q}{\Delta P_f' - \Delta P_f}, \tag{7}$$

$$S_s = \frac{1}{q} \cdot \frac{q' - q}{\Delta P_s' - \Delta P_s} \tag{8}$$

mit

S_f, S_s: Lässigkeit der Förderpumpe bzw. Lässigkeit einer beliebigen Spinnpumpe.

Eine einfache Transformation von (7) und (8) unter Berücksichtigung der Definition nach den Gleichungen (5) und (6) führt zu

$$(P_1' - P_0') - (P_1 - P_0) = \frac{1}{S_f} \cdot \frac{Q' - Q}{Q}, \tag{9}$$

$$(P_4' - P_3') - (P_4 - P_3) = \frac{1}{S_s} \cdot \frac{q' - q}{q}. \tag{10}$$

Die Änderungen der Druckverluste in den Leitungen lassen sich durch die Anwendung der Gleichungen (3) und (4) wie folgt angeben:

$$(P_2' - P_1') - (P_2 - P_1) = -A(Q' - Q), \tag{11}$$

$$(P_3' - P_2') - (P_3 - P_2) = -B(q' - q). \tag{12}$$

Das Summieren der Gleichungen (9) bis (12) ergibt:

$$(P_4' - P_0') - (P_4 - P_0) = (Q' - Q) \cdot \left(\frac{1}{S_f \cdot Q} - A\right) + (q' - q)\left(\frac{1}{S_s \cdot q} - B\right). \tag{13}$$

Wir haben angenommen, daß der Vordruck der Förderpumpe P_0 konstant ist ($P_0' = P_0$); somit ergibt Gleichung (13):

$$(P_4' - P_4) = C \cdot \frac{Q' - Q}{Q} + D \cdot \frac{q' \cdot q}{q} \tag{14}$$

mit

$$C = \frac{1}{S_f} + P_2 - P_1$$

und

$$D = \frac{1}{S_s} + P_3 - P_2.$$

3. Änderung der Feinheit beim Abstellen einer Spinnstelle

Die Annahmen, die oben insbesondere in den Abschnitten 2.1 und 2.3 gemacht wurden, sollen auch weiterhin gelten. Zusätzlich wird noch folgendes angenommen: Die Drehzahlen der Förderpumpe und der Spinnpumpen bleiben unabhängig von der Leistungsaufnahme und vom Druckaufbau konstant. Der Fall von konstanter Drehzahl für die Förderpumpe hat, wie es weiter unten erklärt wird, keine praktische Bedeutung, wird aber hier behandelt, da er theoretisch interessant ist. Weiter unten wird ebenfalls der Fall Extruder anstelle Förderpumpe erwähnt. Unter diesen Bedingungen wird nun untersucht, welche Änderungen der Feinheit das Abstellen einer Spinnstelle an den anderen Spinnstellen hervorruft.

Vor dem Abstellen gilt:

$$Q = n \cdot q. \tag{15}$$

Nach dem Abstellen einer Spinnstelle besteht die Beziehung

$$Q' = (n - 1) \cdot q'. \tag{16}$$

Wenn man diese zwei Werte in die Gleichung (14) einsetzt, dabei berücksichtigt, daß $P_4' = P_4$ ist, und entsprechend umformt, so erhält man

$$\frac{q' - q}{q} = \frac{C}{(n-1)\cdot C + n\cdot D}. \qquad (17)$$

$(q' - q)/q$ entspricht der Änderung der Feinheit des ersponnenen Produktes beim Abstellen einer der n Spinnstellen.

Beispiel 1

Nehmen wir an, daß

$$S_f = -1 \cdot 10^{-3}\ 1/\text{at},$$
$$S_s = -0{,}1 \cdot 10^{-3}\ 1/\text{at},$$
$$P_2 - P_1 = -50\ \text{at},$$
$$P_3 - P_2 = -10\ \text{at},$$
$$n = 32$$

entspricht.

Zuerst soll der folgende Hinweis gegeben werden: Der Druckverlust $P_1 - P_2$ zwischen der Förderpumpe und dem zentralen Verteilersystem wurde groß gewählt, da an dieser Stelle oft ein Filter eingebaut ist oder ein Mischer eingesetzt wird, mit dem Zusätze eingegeben werden, die nur die Produktion der entsprechenden Spinnreihe betreffen.

So ergibt sich:

$$C = -\ 1050\ \text{at},$$
$$D = -10010\ \text{at}$$

und

$$\frac{q' - q}{q} = 0{,}003 = +0{,}3\%.$$

Die Feinheit der gesponnenen Fäden steigt um 0,3% beim Abstellen einer der 32 Spinnstellen.

Bei Werten, die in der Nähe liegen, die im Beispiel angegeben sind, gelten die folgenden Gleichungen:

$$D = \frac{1}{S_s} + P_3 - P_2 \simeq \frac{1}{S_s} \quad \text{in sehr guter Näherung}$$

und

$$C = \frac{1}{S_f} + P_2 - P_1 \simeq \frac{1}{S_f} \quad \text{bei einer 5\%igen Näherung.}$$

Dann ergibt sich aus der Gleichung (17):

$$\frac{q' - q}{q} = \frac{1}{n\cdot\dfrac{S_f}{S_s} + n - 1}. \qquad (17\text{a})$$

Die Feinheitsänderung beim Abstellen einer Spinnstelle hängt nach der Gleichung (17a) nur vom Verhältnis der Lässigkeit der Förderpumpe zu der Lässigkeit der Spinnpumpe S_f/S_s und von der Anzahl der Spinnstellen n pro Spinnreihe ab. Halbiert man die Anzahl von Spinnstellen je Spinnreihe, so muß mit einer etwa doppelten Feinheitsabweichung beim Düsenwechsel (Abstellen einer Spinnstelle) gerechnet werden. Mit der Gleichung (17a) kann man z. B. nachweisen, wenn ein Verhältnis $S_f/S_s = 3$ bei 32 Spinnstellen ausreicht, um eine Feinheitsabweichung von 1% beim Düsenwechsel nicht zu überschreiten, daß dieses Verhältnis über 6 bzw. über 12 liegen muß, falls die Zahl der Spinnstellen auf 16 bzw. 8 heruntergesetzt wird.

Es ist möglich, die Druckveränderung in dem System zu berechnen, indem man die Gleichungen (17) und (14) in die Gleichungen (9) bis (12) einsetzt.

Zum Beispiel ist

$$\Delta P_s' - \Delta P_s = \frac{C}{S_s\cdot[(n-1)\cdot C + n\cdot D]} \qquad (18)$$

und mit $P_4' = P_4$

$$P_3' - P_3 = \frac{C}{S_s\cdot[(n-1)\cdot C + n\cdot D]}. \qquad (19)$$

Beispiel 2

Mit den oben angegebenen numerischen Werten ergibt sich

$$P_3' - P_3 = +30\ \text{at}.$$

Der Vordruck der Spinnpumpen steigt beim Abstellen einer Spinnpumpe (wenn die Drehzahlen der Pumpen konstant bleiben) in dem angegebenen Beispiel um etwa 30 at. Bei der halben Anzahl der Spinnstellen pro Spinnreihe wird diese Drucksteigerung etwa verdoppelt.

Die Druckänderungen $P_2' - P_2$ und $P_1' - P_1$ sind etwa gleich dem Druckanstieg $P_3' - P_3$. Bei Anwendung der beiden Näherungen $C \simeq 1/S_f$ und $D \simeq 1/S_s$ sind die Änderungen der Druckverluste in den Rohrleitungen vernachlässigt. Es gilt dann näherungsweise

$$P_1' - P_1 = P_2' - P_2 = P_3' - P_3.$$

Bild 4 zeigt eine geometrische Lösung für die Bestimmung der Druckänderung und Durchsatzänderung beim Abstellen einer Spinnstelle (keine Näherung).

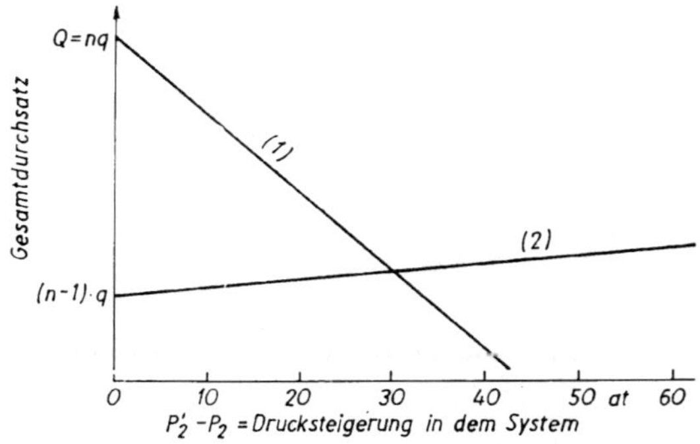

Bild 4. Bestimmung des Druckes und der Durchsatzänderung beim Abstellen einer Spinnstelle (geometrische Lösung)

$$\text{Kurve (1)}: Q' = Q\left(1 + \frac{S_f(P_2' - P_2)}{1 + S_f(P_2 - P_1)}\right)$$

$$\text{Kurve (2)}: (n-1)\,q' = (n-1)\,q\left(1 - \frac{S_s(P_2' - P_2)}{1 + S_s(P_3 - P_2)}\right)$$

4. *Änderung der Feinheit nach Einsetzen eines neuen Filters beim Düsenwechsel*

Bei jeder Spinnstelle liegt bekanntlich ein Filter zwischen der Spinnpumpe und der Spinndüse, um noch vorhandene geringe Spuren von heterogenem Feststoff aus der Schmelze zu entfernen und eventuell das Produkt durch Scherbeanspruchung zu homogenisieren. Der Filter setzt sich langsam, nach Stunden oder Wochen, zu und muß dann erneuert werden. Das ist hauptsächlich der Grund, warum eine Spinnstelle kurzzeitig (einige Minuten) abgestellt werden muß. Im vorigen Abschnitt wurde untersucht, wie das Abstellen einer Spinnstelle die Gleichmäßigkeit der Feinheit der anderen Spinnstellen beeinflußt. In diesem Abschnitt soll die Änderung der Feinheit nach Erneuerung eines Filters, also nach Abstellen und Wiederanfahren einer Spinnpumpe, angegeben werden. Zwei Fälle sind dabei zu untersuchen:

1. Fall

Die Düsenfilter werden alle gleichzeitig (oder fast gleichzeitig) gewechselt, und der Druck steigt gleichmäßig für alle Spinnstellen an. Es gilt unmittelbar vor dem Filterwechsel die Beziehung

$$Q = n \cdot q.$$

Der Druck P_4 ist hoch.

Nach dem Filterwechsel ist

$$Q' = n \cdot q'$$

und

$$P_4' < P_4.$$

Mit Gleichung (14) ergibt sich dann

$$\frac{q' - q}{Q} = \frac{P_4' - P_4}{C + D} \tag{20}$$

und für den Druckzuwachs im System mit der Gleichung (10)

$$P_3' - P_3 = P_4' - P_4 - \frac{1}{S_s} \cdot \frac{q' - q}{q}. \tag{21}$$

Beispiel 3

Mit

$P_4' - P_4 = -100$ at, Druckänderung vor dem Filter durch Verschmutzung,

$C = -1050$ at und

$D = -10010$ at

ist

$$\frac{q' - q}{q} = +0{,}009 = +0{,}9\%$$

und

$$P_3' - P_3 = -10 \text{ at}.$$

Von den 100 at Druckänderung, die sich nach der Filtererneuerung bei einem Lässigkeitsverhältnis $S_f/S_s = 10$ ergeben, sind 9/10 der Druckänderung der Spinnpumpe und 1/10 der Förderpumpe zuzuordnen.

2. Fall

Die Filter der verschiedenen Spinnstellen werden nach einem festen Zeitplan einzeln gewechselt. In einem Zyklus von n Zeiteinheiten wird je Zeiteinheit ein Düsenfilter gewechselt und die Düse gereinigt. Am Ende des Zyklus ist jede Düse einmal gereinigt worden. Der Druck steigt gleichmäßig für jede Düse zwischen zwei Reinigungen an.

Für diesen Fall wollen wir ebenfalls die Feinheitsabweichung einer Spinnstelle vor und nach der Düsenreinigung berechnen. Wir werden auch dann eine ausreichend genaue Lösung bekommen, wenn wir für jede Spinnstelle den gleichen durchschnittlichen Durchsatz q näherungsweise annehmen. Es gilt also

$$Q = n \cdot q,$$

$$Q' = (n - 1) \cdot q_0' + q_1',$$

wobei

q_1': neuer Durchsatz der betreffenden Spinnstelle nach Düsenwechsel und

q_0': neuer durchschnittlicher Durchsatz der übrigen Spinnstellen

bedeuten.

Die Anwendung der Gleichung (14) ergibt für die betreffende Spinnstelle:

$$P_4' - P_4 = \frac{Q' - Q}{Q} \cdot C + \frac{q_1' - q}{q} \cdot D \tag{22}$$

und für die anderen Spinnstellen

$$0 = \frac{Q' - Q}{Q} \cdot C + \frac{q_0' - q}{q} \cdot D. \tag{23}$$

Nach Einsetzen von

$$\frac{Q' - Q}{Q} = \frac{n - 1}{n} \cdot \frac{q_0' - q}{q} + \frac{1}{n} \cdot \frac{q_1' - q}{q}$$

und Lösung der Gleichungen (22) und (23) ergibt sich:

$$\frac{q_1' - q}{q} = \frac{\frac{n-1}{n} \cdot C + D}{D \cdot (C + D)} \cdot (P_4' - P_4) \tag{24}$$

und

$$\frac{q_0' - q}{q} = \frac{-C/n}{D \cdot (C + D)} \cdot (P_4' - P_4). \tag{25}$$

Beispiel 4

$n = 32$,

$C = -1050$ at,

$D = -10010$ at,

$P_4' - P_4 = -100$ at.

Dann ist

$$\frac{q_1' - q}{q} = +0{,}010 = +1\%,$$

und

$$\frac{q_0' - q}{q} = -0{,}00003.$$

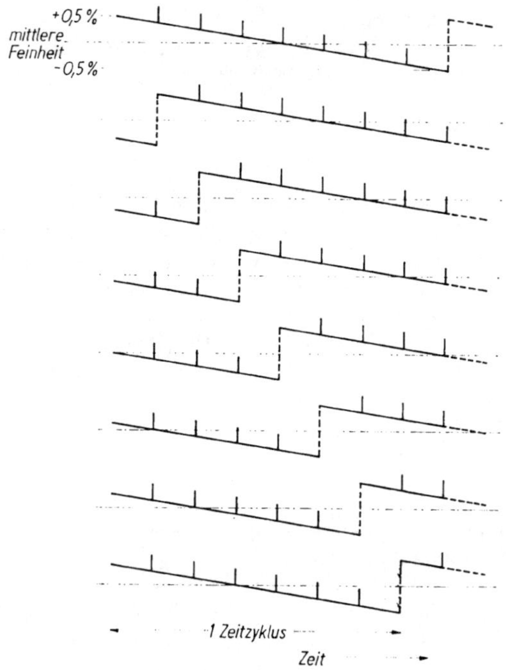

Bild 5. Feinheitsschwankungen, verursacht durch Druckschwankungen bei einer Spinnreihe von 32 Spinnstellen; es wird nur jede vierte Spinnstelle, also insgesamt 8 Spinnstellen, dargestellt.

Nach Filterwechsel (Druckabnahme vor dem Filter um 100 at) wird die neue Feinheit 1% höher sein als vor dem Düsenwechsel.

Die Feinheit aller anderen Spinnstellen ändert sich kaum. Auch $(n-1)$mal diese Steigerung der Feinheit (entsprechend einem ganzen Zyklus) ist kaum meßbar.

Bild 5 zeigt die Feinheitsänderung bei einer solchen Filterreinigung nach Zeitplan, wobei zusätzlich die im Abschnitt 3 berechnete Feinheitsschwankung während der Düsenwechsel angegeben ist. Um das Schema anschaulicher zu machen, wurden nur 8 von 32 Düsenwechseln dargestellt; die berechneten Werte entsprechen dem Fall $n = 32$. Jede Feinheit nimmt gleichmäßig ab, bis der Filterwechsel fällig wird. In der Zwischenzeit verursachen die Düsenwechsel an den anderen Stellen impulsähnliche Feinheitsschwankungen. Für jede Kurve sind 31 solcher Stöße anstatt der gezeichneten 7 pro Zeitzyklus vorhanden. Da zusätzlich zu der Abweichung von 1%, die von der Filterverstopfung herrührt, Feinheitsschwankungen von 0,3% beim Düsenwechsel an jeder Nebenstelle auftreten, variiert, über alles betrachtet, die Feinheit um einen Durchschnitt zwischen −0,5 und +0,8%, wenn alle Einflüsse einbezogen werden.

5. *Einfluß eines Vorfilters auf die Gleichmäßigkeit der Feinheit*

Nehmen wir an, daß ein Vorfilter, so bezeichnen wir einen Filter für den gesamten Polymerstrom einer Spinnreihe, unmittelbar nach der Förderpumpe eingebaut ist.

Wenn sich der Filter im Laufe der Zeit zusetzt, steigt der Druckverlust für einen vorgegebenen, gleichbleibenden Durchsatz, oder bei konstantem Druckverlust nimmt der Durchsatz ab, bis die Abweichungen vom Normwert so groß sind, daß ein Filterwechsel erforderlich wird.

Bis jetzt haben wir stillschweigend isotherme Bedingungen angenommen. Diese Annahme wird hier besonders herausgestellt, da sie für Vorfilter von großer Bedeutung ist.

Bei der früheren Annahme, daß die Pumpen mit konstanter Drehzahl arbeiten, ruft das Zusetzen des Filters eine Durchsatzänderung, d. h. eine Feinheitsänderung hervor.

Nach Gleichung (3) besteht der Zusammenhang

$$P_1 - P_2 = A \cdot Q. \qquad (3)$$

Im Gegensatz zu den Betrachtungen im Abschnitt 2.3 ist hier der Koeffizient A nicht mehr konstant, sondern er steigt im Laufe der Zeit durch das Zusetzen des Filters an.

Es ergibt sich somit:

$$(P_2' - P_1') - (P_2 - P_1) = -(A' \cdot Q' - A \cdot Q). \qquad (26)$$

Das Summieren der Gleichungen (9), 10), (26) und (12) ergibt:

$$(P_4' - P_0') - (P_4 - P_0) = \frac{Q' - Q}{Q} \cdot \frac{1}{S_f} - (A' \cdot Q' - A \cdot Q) + \frac{q' - q}{q} \cdot D; \qquad (13\text{a})$$

mit

$$P_0' = P_0,$$
$$P_4' = P_4,$$
$$Q \;= np,$$

und

$$Q' \;= np'$$

ergibt Gleichung (13a):

$$\frac{q' - q}{q} = \frac{A' \cdot Q' - A \cdot Q}{\frac{1}{S_f} + D}. \qquad (27)$$

Beispiel 5

Mit

$$A' \cdot Q' - A \cdot Q = 100 \text{ at},$$
$$\frac{1}{S_f} = -\,1000 \text{ at},$$

und

$$D = -10010 \text{ at}$$

ist

$$\frac{q' - q}{q} = -0{,}009 = -0{,}9\%,$$

d. h. eine Steigerung des Druckverlustes im Vorfilter um 100 at ruft eine Feinheitsabnahme an allen Spinnstellen von 0,9% hervor.

6. *Praktische Anwendungen*

Die in den vorherigen Abschnitten untersuchten Fälle gelten für Annahmen, die selten alle 100%ig zu realisieren sind. In diesem Abschnitt sollen deshalb die hypothetischen Fälle mit den wirklich auftretenden verglichen und aus den bisher vorliegenden Ergebnissen qualitative Schlüsse für die Praxis soweit als möglich gezogen werden.

6.1. *Gültigkeit der bisherigen Annahmen in der Praxis*

Es wurde das Prinzip des zentralen Verteilersystems für alle Spinnstellen der Spinnreihen angenommen. Dieses Prinzip ist für die Beispiele mit 16, um so mehr mit 32 Spinnstellen je Spinnreihe nicht realisierbar, sondern in der Praxis wird in mehrere Stufen aufgeteilt. Zum Beispiel beschickt ein erster Viererverteiler vier Viererverteiler. Wenn die hintereinander liegenden Verteiler nicht zu weit voneinander entfernt liegen, ist das Prinzip des zentralen Verteilersystems ausreichend angenähert. Sind diese Bedingungen nicht erfüllt, so kann man zeigen, daß ähnliche Berechnungen möglich sind und zu gleichwertigen Ergebnissen führen.

Es ist sinnvoll, die Drehzahl für die Spinnpumpen als konstant zu betrachten. In der Praxis werden Spinnpumpen mit starrem Antrieb und synchronen Motoren angewendet, die über einen großen Drehmomentbereich bei konstanter Drehzahl arbeiten.

Dagegen ist die Drehzahl der Förderpumpe, je nach Antrieb, mehr oder weniger drehmomentabhängig, wenn ihre Drehzahl nicht geregelt ist. Aus den Ergebnissen der Abschnitte 3, 4 und 5 kann man schließen, daß eine Drehzahlregelung nicht die beste Lösung sein kann. Es ist günstiger, durch die Regelung des Druckes P_2 über die Drehzahl der Förderpumpe die Gleichmäßigkeit der Feinheit zu verbessern. Bei konstantem Druck P_2 ist keine Rückwirkung einer Spinnstelle auf der anderen zu erwarten. In der Praxis wird diese Art der Regelung meist benutzt. Aus folgenden Gründen wurde hier die Rechnung bei konstanter Drehzahl durchgeführt:

1. Der Unterschied zwischen konstanter Drehzahl und Regelung des Druckes P_2 sollte gezeigt werden.
2. Im Fall einer trägen Regelung wird bei einer plötzlichen Änderung die Druckregelung nur langsam auf die Drehzahl wirken. Für eine kurze Zeit wird das System praktisch bei konstanter Drehzahl weiterlaufen. Die Berechnung zeigt die Ergebnisse der Feinheiten für den ungünstigsten Fall, der eintreten kann, wenn die Regelung sehr träge ist.

Die Proportionalität des Druckverlustes mit dem Durchsatz besteht für Hochpolymerschmelzen bei den üblichen Rohrleitungsdurchmessern mit guter Genauigkeit.

Der Vordruck der Förderpumpe P_0 kann als konstant angenommen werden, da sich der Ausgangsdruck eines Extruders (Aufschmelzen von Schnitzeln) oder einer Austragsschnecke (Direktspinnen aus einer kontinuierlichen Polymerisationsanlage) leicht regeln läßt. Wenn ein Extruder die Förderpumpe ersetzt, lassen sich die vorherigen Darstellungen unmittelbar übertragen.

Die geforderte volle Symmetrie des Spinnsystems ist ein konstruktives Problem, ebenfalls die geforderte Gleichheit aller Spinnstellen. Diese beiden Forderungen können in der Praxis für die durchgeführten Berechnungen hinreichend angepaßt werden.

6.2. *Gültigkeit der früheren Ergebnisse in der Praxis*

Änderung der Feinheit beim Abstellen einer Spinnstelle

Wie schon in Abschnitt 6.1 erwähnt wurde, wird beim Abstellen einer Spinnstelle die Feinheit aller anderen Spinnstellen gleichmäßig bleiben, insofern der Druck P_2 konstant bleibt. Deshalb wird in der Praxis eine konstante Regelung dieses Druckes angewendet. Es ist aber empfehlenswert, weitere Vorkehrungen zu treffen, um die in Abschnitt 3 berechneten Feinheitsabweichungen zu minimalisieren, so daß auch bei träger Regelung gute Ergebnisse erhalten werden können.

Ein großes Verhältnis der Lässigkeit der Förderpumpe zu der Lässigkeit der Spinnpumpe S_f/S_s (siehe Gleichung (17a)) wird erreicht, wenn die Lässigkeit der Spinnpumpe S_s klein und/oder die Lässigkeit der Förderpumpe S_f groß ist.

Der erste Punkt wird auch aus anderen Gründen angestrebt (siehe weiter unten). Jedoch sind mechanische Grenzen für die Lässigkeit der Spinnpumpe gesetzt, die nicht unterschritten werden können. Zum Beispiel sind bis heute die Spinnpumpen in der Praxis selten, die bei einem auf ihre Lebensdauer gemittelten Abnutzungsgrad eine kleinere Lässigkeit als 1% pro 100 at aufweisen. Dagegen ist die Einstellung einer großen Lässigkeit für die Förderpumpen eine beliebte Maßnahme. Bei einer Zahnradpumpe kann man durch die Vergrößerung des Axialspiels jede beliebige Lässigkeit bekommen. Die einzige Grenze besteht darin, daß die Förderpumpe noch den erwünschten Druckaufbau bei dem vorgesehenen Durchsatz leisten muß.

Die zweite Variable der Gleichung (17a) bzw. (17) ist die Zahl n der Spinnstellen je Spinnreihe. Diese darf nicht zu klein sein. Es ist selbstverständlich, daß das gleichzeitige Abstellen von zwei Spinnstellen vermieden werden muß: Das Abstellen von zwei Spinnstellen aus 16 entspricht genau dem Abstellen von einer Spinnstelle, wenn nur acht Spinnstellen vorhanden sind, also etwa einer Verdoppelung der Feinheitsabweichung. In der Auslegung von einer Spinnerei sollte man diesen Punkt beachten. Da meist aus baulichen Gründen in der Einplanung einer Spinnerei Grenzen für n gesetzt sind, kann man sich wie folgt behelfen. Eine Druckausgleichsleitung verbindet zwei Spinnreihen. Es muß sichergestellt werden, daß ein kleiner Produktstrom in dieser Leitung fließt, um eine thermische Schädigung des Produktes zu vermeiden. In der Berechnung der Feinheitsabweichung geht die Summe der Spinnstellen der zwei Spinnreihen ein. Eine solche Leitung wird selbstverständlich nur benutzt, wenn sich die Qualitätsmerkmale der Schmelze (η_{in}, Mattierungsgrad, Zusätze) an den zwei Spinnreihen als identisch oder fast identisch herausstellen.

Der Einfluß der Rohrleitungen, also der Druckverlust $P_1 - P_2$ und insbesondere $P_2 - P_3$, ist so klein, daß er hier vernachlässigt werden kann. Wir bemerken (nur qualitativ), daß ein zu hoher Druckverlust $P_1 - P_2$, wie eine zu kleine Lässigkeit der Förderpumpe die Gleichmäßigkeit der Feinheit verschlechtert.

Änderung der Feinheit nach Einsetzen eines neuen Filters beim Düsenwechsel

Bei Regelung des Druckes P_2 gilt die Gleichung (20) nicht mehr, sondern es ist die Gleichung

$$\frac{q' - q}{q} = \frac{P_4' - P_4}{D}$$

anzuwenden.

Mit den Zahlen des Beispiels 2 würde die Feinheitsabweichung 1,0% betragen, anstelle von 0,9%, wie sie im Fall der Regelung der Drehzahl der Förderpumpe berechnet wurde. Man wird üblicherweise diese kleine Verschlechterung in Kauf nehmen und die Vorteile der Druckregelung ausnutzen. Wichtig aber ist der Hinweis, daß die Feinheitsabweichung immer proportional der Druckänderung nach der Spinnpumpe (hervorgerufen durch die Veränderung des Druckverlustes des Filters) und in erster Näherung proportional der Lässigkeit der Spinnpumpe ist. Wie schon gesagt, kann eine absolute Mindestlässigkeit der Pumpen in der Praxis nicht unterschritten werden. Dann bleibt nur als freie Variable die Druckänderung beim Einsetzen eines neuen Filters, was dem Druckzuwachs während des Zusetzens des Filters entspricht. Bekanntlich geht die Reduzierung des Druckzuwachses für einen Filterwechsel stark in die Wirtschaftlichkeit ein (kürzere Filterwechselintervalle). Hier muß ein Kompromiß zwischen Gleichmäßigkeit der Feinheit und Wirtschaftlichkeit getroffen werden.

7. *Andere Faktoren für die Gleichmäßigkeit der Feinheit und Schlußfolgerungen*

In den vorangegangenen Abschnitten wurden einige Einflüsse des Spinnaggregats auf die Gleichmäßigkeit der Feinheit theoretisch untersucht. Es konnte gezeigt werden, welchen Vorteil eine Regelung des Druckes im Verteiler der Spinnreihe gegenüber einer konstanten Drehzahl der Förderpumpe hat. Dieser Vorteil kommt besonders zur Wirkung, wenn ein Filter zwischen Förderpumpe und Verteiler vorhanden ist. Weiterhin konnte gezeigt werden, daß bei träger Regelung vorteilhafterweise eine Förderpumpe eine große Anzahl von Spinnstellen beschicken sollte und das Verhältnis der Lässigkeit der Förderpumpe und der Lässigkeit der Spinnpumpen groß sein sollte, um keine zu große Feinheitsabweichung während eines Düsenwechsels zu erhalten.

Es gibt aber daneben noch andere Faktoren, welche die Gleichmäßigkeit der Feinheit beeinflussen. Es wurde bis jetzt angenommen, daß alle Spinnstellen konstruktiv gleich sind. Dies ist nur bis zu einem bestimmten Grad zu realisieren. Die vorhandenen Unsymmetrien können auf mechanische oder verfahrenstechnische Unterschiede zurückgeführt werden. Mechanisch ungleich sind immer (mehr oder weniger) die Spinnpumpen. Gibt es z. B. einen starren Antrieb für alle Spinnpumpen, so bestimmt die Abweichung der Durchsätze an den Spinnpumpen die Feinheitsabweichungen. Gibt es getrennte, regulierbare Antriebe, kann man die Abweichungen der Spinnpumpen mindestens teilweise kompensieren. Es gibt zwar immer noch eine Ungleichmäßigkeit der Feinheit, aber in einem geringeren Maße.

Der wichtigste Einfluß liegt aber in der Verfahrenstechnik. Abweichungen in der Symmetrie des Spinnsystems einschließlich des Heizsystems sind für die Gleichmäßigkeit der Feinheit von großer Bedeutung. Zum Beispiel können ungleiches Polymeres, Polymere, die ungleiche Wege zurücklegen (also ungleiche Verweilzeiten und dadurch ungleicher Abbau) und ungleiche Temperaturführung Feinheitsabweichungen hervorrufen.

Die Ungleichmäßigkeiten der Feinheit, die in den vorangehenden Abschnitten detailliert behandelt wurden oder in diesem Abschnitt kurz erwähnt werden, addieren sich alle. Wenn alle Einflüsse voneinander unabhängig sind, kann man das Gesetz der Additivität der Streuung anwenden. Um die Gesamtstreuung zu reduzieren, sollten zuerst die Faktoren betrachtet werden, die am stärksten in der Gesamtstreuung eingehen. Viel Mühe für die Reduzierung eines Streuungsfaktors aufzuwenden, der in der gesamten Streuung kein Gewicht hat, lohnt sich kaum.

Diese Untersuchung wurde auf die Gleichmäßigkeit der Feinheit von Spinnstelle zu Spinnstelle begrenzt, wobei eine Spinnstelle durch eine Spinnpumpe definiert ist. Es ist einleuchtend, daß für z. B. Fasern oder bei mehrfädigem Spinnen (mehrere Fäden aus einer Spinnpumpe) die Gleichmäßigkeit der Feinheit innerhalb einer Spinnpumpe eine wichtige Rolle spielt. Hier stellt sich zuerst die Aufgabe, die verschiedenen Variablen der Ungleichmäßigkeit der Feinheit quantitativ zu untersuchen. Auch hier lohnt es sich, nur die wichtigsten Einflüsse eingehender zu betrachten.

Eingegangen am 5. Juni 1972

Kurze Mitteilungen[1]

Morphologische Untersuchungen an Bagasse und ihren Aufschlußprodukten

DK 676.174:661.728.2:542.938:581.4:576.3

1. Einleitung

Die Faserholzknappheit einerseits und der rasch ansteigende Bedarf an Papier andererseits zwingen dazu, verstärkt auch Einjahrespflanzen als Ausgangsmaterial zur Herstellung von Papierzellstoff heranzuziehen.

Ein aussichtsreicher Rohstoff ist hierbei die Bagasse, die bei der Zuckerrohrverarbeitung als Rückstand mit sehr hohem Cellulose- und Pentosangehalt anfällt und nach einem geeigneten Aufschlußprozeß einen brauchbaren Papierzellstoff ergeben kann. Bisherige Untersuchungen an Bagasse beschäftigten sich vorwiegend mit deren chemischer Zusammensetzung [1]. In Ergänzung dazu ist es deshalb von Interesse, Kenntnisse über die morphologische Beschaffenheit der Bagasse und deren Veränderungen während des Aufschlusses zu erhalten.

2. Methodik

Die Vorhydrolyse der Bagasse wurde nach *Correns* [2] mit 0,5%iger HCl am Rückfluß durchgeführt. Der anschließende Aufschluß erfolgte mit 5%iger NaOH bei 160 °C.

Für die elektronenmikroskopischen Untersuchungen werden die erhaltenen Proben zur Verdrängung des Wassers einer Alkoholreihe mit steigender Konzentration an Äthanol unterworfen. Anschließend wird in ein Gemisch von 5 Teilen Methylmethacrylat und 1 Teil Butylmethacrylat eingebettet.

Die Ultradünnschnitte werden mit einem Ultramikrotom OM U 2 (*Reichert*, Wien) in einer Dicke von 800 Å hergestellt, mit Palladium unter 45° beschattet und in einem Elektronenmikroskop KEM-1 des VEB RFT, Werk für Fernsehelektronik Berlin ausgewertet.

3. Ergebnisse

Ein Vergleich von Bagasse mit Holz zeigt einen signifikanten Unterschied im Zellwandaufbau. Während bei Holzzellen die Sekundärwand homogen erscheint [3, 4], ist bei Bagasse eine deutliche Schichtung der Sekundärwand des Sklerenchym zu erkennen (Bild 1). Es ist zu vermuten, daß es sich bei dieser Intervallschichtung um Einlagerungen von Begleitkohlehydraten bzw. Pentosanen handelt. Diese Schlußfolgerung basiert auf den Ergebnissen, die bei Behandlung der Bagasse mit verdünnter Säure erhalten wurden. Bei der Vorhydrolyse wird Lignin nur geringfügig, Pentosan jedoch zum großen Teil entfernt.

[1] Die Veröffentlichung der „Kurzen Mitteilungen" erfolgt unter alleiniger Verantwortung der Verfasser.

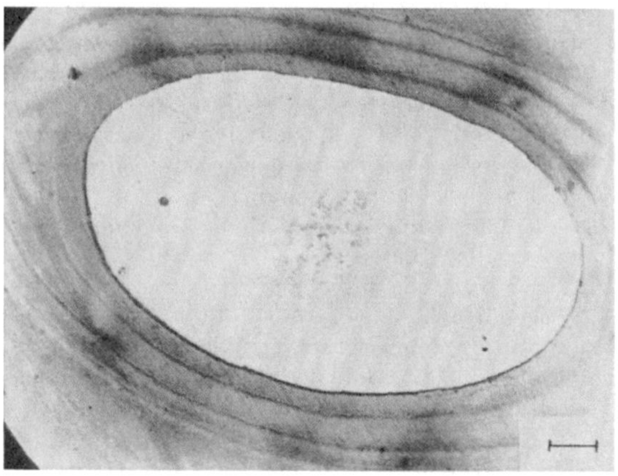

Bild 1. Schichtstruktur der Sekundärwand um das Lumen einer Sklerenchymzelle der Bagasse

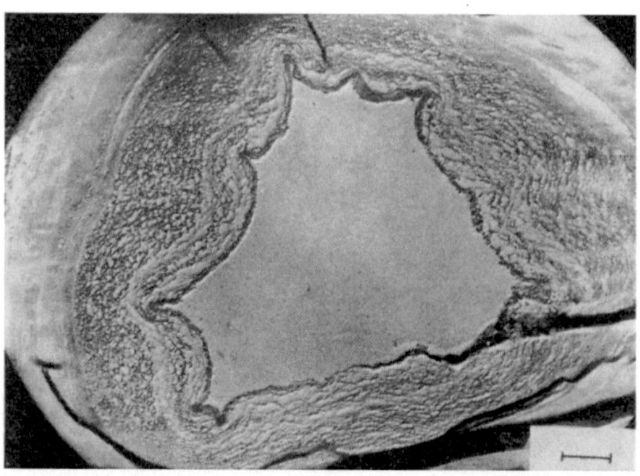

Bild 2. Lockere Struktur der Sekundärwand von vorhydrolysierter Bagasse

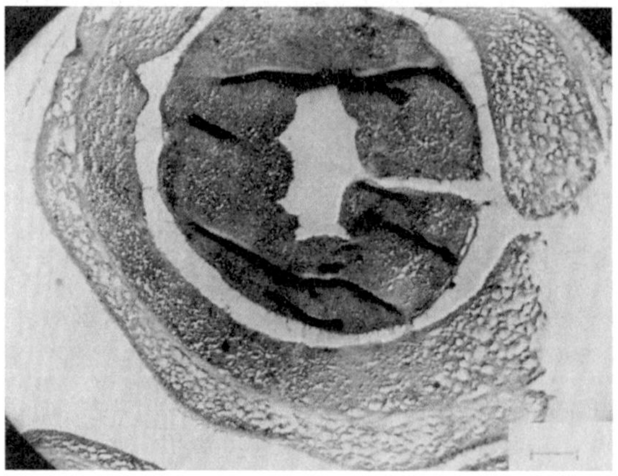

Bild 3. Alkalisch aufgeschlossene Bagasse

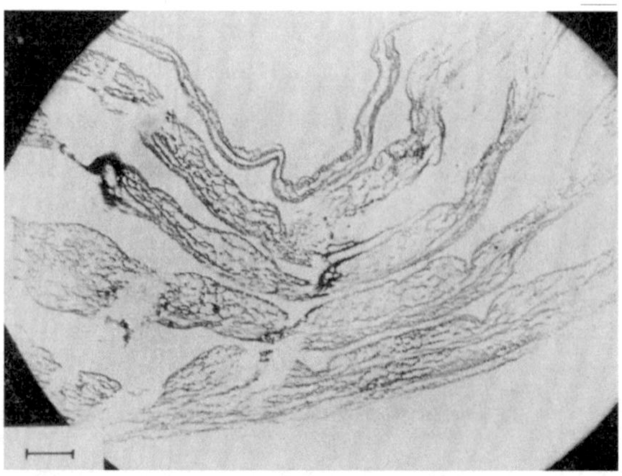

Bild 4. Zerstörung der Sekundärwand von vorhydrolysierter und mit NaOH aufgeschlossener Bagasse

Der durch den Substanzverlust erhaltene Übergang der Morphologie der Sekundärwand von dichter Struktur zur lockeren Netzstruktur wird in Bild 2 ausgewiesen.

Wird nichtvorhydrolysierte Bagasse alkalisch aufgeschlossen, so zeigt die Morphologie das Bild eines Produktes, dessen Mittellamelle vollständig entfernt ist (Bild 3). Ein alkalischer Aufschluß führt bei Bagasse zu einer weitgehenden Delignifizierung.

Auch ein Anteil an Pentosanen wird entfernt. Die erhaltene Schichtstruktur weist jedoch auf das Verbleiben von nichtcellulosischen Substanzen im Zellverband hin. Es ist zu vermuten, daß es sich hierbei um Reste von Pentosanen handelt.

Die Zellwand zerfällt in mehrere Schichten bzw. Bruchstücke, wenn die vorhydrolysierte Bagasse mit Natronlauge bei 160 °C aufgeschlossen wird (Bild 4).

Die Veränderung der Zellwandmorphologie der Bagasse durch Aufschlußverfahren ist von Bedeutung für die mechanischen Eigenschaften des hergestellten Zellstoffs. Der Zerfall der Zellwand durch Aufschluß sowie die notwendige Mahlung kann einen negativen Einfluß auf die Eigenschaften des Bagassezellstoffs ausüben. Insbesondere ist eine Verschlechterung der physikalisch-chemischen Eigenschaften (Verminderung der Dehnung, Zug- und Durchreißfestigkeit) der daraus gefertigten Papiere in Betracht zu ziehen.

Zur besseren Erkennung dieser Zusammenhänge werden weitere Untersuchungen über die chemische Zusammensetzung sowie den morphologischen Aufbau von aufgeschlossenen Bagasse-Zellstoffen verschiedener Kappazahl und Pentosangehalte ausgeführt und in Kürze mitgeteilt.

Literatur

[1] *Schmidt, I. G. A.*: Über den gegenwärtigen Stand der Bagasseverwendung für Cellulose und Papier. Allgem. Papier-Rdsch. **21** (1965) S. 1400–1404.

[2] *Correns, E.*: Über die Herstellung von Zellstoffen mit hohem Reinheitsgrad an Cellulose. Cellulosechemie **19** (1941) S. 105–110.

[3] *Jacopian, V.*, und *Casperson, G.*: Über Veränderungen der Ultrastruktur von Pappelholz durch verschiedene Aufschlußbedingungen. Faserforsch. u. Textiltechnik **17** (1966) S. 267–275.

[4] *Philipp, B., V. Jacopian*, und *Casperson, G.*: Chemische und morphologische Untersuchungen zum zeitlichen Verlauf eines Calciumbisulfitaufschlusses von Lärchenholz. Faserforsch. u. Textiltechnik **21** (1970) S. 153–163.

Vazgen Jacopian und *Dieter Paul*
Deutsche Akademie der Wissenschaften zu Berlin, Institut für Polymerenchemie in Teltow-Seehof

Eingegangen am 6. Juni 1972

Polyvinylalkohol enthaltende Polyacrylnitrilfaserstoffe

DK 677.494[Bikomp.]:678.745.32:678.744.72:677.021.125.26–913.3:677.021.125.261

Im Rahmen von Untersuchungen zur Erhöhung der Hydrophilität von Polyacrylnitrilfaserstoffen wurden durch gemeinsames Spinnen von Polyvinylalkohol (PVA) und Acrylnitrilpolymerisaten (PVY) als faserbildende Polymermischung [1, 2] aus einem organischen Lösungsmittel in wäßrige Koagulationsbäder modifizierte Polyacrylnitrilfaserstoffe hergestellt. Die Problematik bestand wie bei allen derartigen Polymerkombinationen in erster Linie im Auffinden eines geeigneten Lösungsmittels, das beide Polymerisate zu lösen vermag und bei dem die erhaltenen Spinnlösungen ausreichende „kinetische Stabilitäten" besitzen. Von den für Acrylnitrilpolymerisate bekannten Lösungsmitteln, in denen auch Polyvinylalkohol löslich ist, sind jedoch nur wäßrige oder wäßrig-alkoholische Lösungen einiger anorganischer Salze [3, 4] und Dimethylsulfoxid [5, 6, 7] verwendbar, während z. B. in Dimethylform- oder Dimethylacetamid Polyvinylalkohol bei den üblichen Löse- und Spinntemperaturen nahezu unlöslich ist. Unseren Untersuchungen lag daher Dimethylsulfoxid als gemeinsames Lösungsmittel für beide Polymerisate zugrunde. Als Ausgangsstoffe dienten z. B. ein Acrylnitril-Suspensionspolymerisat mit 7,04 Masse% Vinylacetat ($\eta_{rel} = 2{,}13$; $c = 0{,}5$ g/dl Dimethylformamid bei 20 °C) und ein Polyvinylalkohol (K-Wert 40 bis 49; Ester- und Säurezahl 15 bzw. 6), die gemeinsam bei Zimmertemperatur in Dimethylsulfoxid (DMS) suspendiert und anschließend unter Rühren bei 70 °C gelöst wurden. Nach der Filtration wurden die erhaltenen Lösungen an einer Laborspinnapparatur unter folgenden Bedingungen zu Fäden gesponnen:

Spinnlösungskonzentration: ca. 16%;
Spinnlösungstemperatur: 55 °C ± 3 grd;
Koagulationsbad: 60 bis 80% DMS, 40 bis 20% H_2O; 20 °C ± 2 grd;
1. Reckbad: 20% DMS, 80% H_2O; 100 °C;
2. Reckbad: H_2O, 100 °C;
Düsenabzugsgeschwindigkeit: 5 m/min;
Gesamtreckung: 500 bis 600%;
Einzelfadenfeinheit: 3 den.

Tabelle 1. Kinetische Stabilität 16,2%iger Lösungen in Abhängigkeit vom Mischungsverhältnis PVY/PVA

PVY:PVA	Lösungsviskosität in cP[1]) nach				
	1 h	25 h	50 h	75 h	
100:0	45400	46500	47150	47900	
90:10	36850	37200	37250		Beginn der Gelbildung
80:20	11450	14450	14600		
70:30	6770	6800	6750		Beginn der Phasentrennung
60:40	4430	4470	4450		
50:50	3910	3950	3970		
0:100	2250	2600	3100	3250	

[1]) Rheoviskosimeter nach *Höppler*: 20 °C, Belastung 20 p/cm², Meßbecher 10.

Bei den Spinnversuchen variierten wir das Mischungsverhältnis der beiden Polymerkomponenten, die Koagulationsbadkonzentration und den Reckgrad. Die so hergestellten Fäden wurden nach mehrstündigem Wässern bei 85 bis 90 °C getrocknet, durch 15 min Dämpfen bei 105 bis 110 °C thermorelaxiert und anschließend einer Eigenschaftsprüfung unterzogen.

In Tabelle 1 sind die Lösungsviskositäten in Abhängigkeit vom Mischungsverhältnis der Polymerkomponenten gegenübergestellt, wobei die gegenüber den additiven Viskositäten abfallenden Werte eine gewisse thermodynamische Unverträglichkeit dieses Polymersystems andeutet (vgl. [7]).

Die Lösungen besitzen jedoch eine für das Spinnen zu Fäden ausreichende kinetische Stabilität, ungeachtet einer leichten Trübung der Lösung, die auf Mikroheterogenitäten schließen läßt. Eine daraus resultierende Beeinträchtigung der Spinnbarkeit bis zu PVA-Anteilen von 30% wurde nicht nachgewiesen, wohl aber lassen die ersponnenen Fäden auf

Tabelle 2. Fasereigenschaften in Abhängigkeit vom Mischungsverhältnis und den Spinnbedingungen

PVY:PVA	Koagulationsbad DMS:H_2O	Reckung %	Reißfestigkeit p/den	Reißdehnung %	Schlingenfestigkeit p/den	Weißgehalt %
100:0	80:20	500	3,01	18,9	1,46	70,0
		600	3,09	17,6	1,37	70,7
	60:40	600	2,78	15,2	1,84	70,3
90:10	80:20	500	3,10	13,9	1,73	76,2
		600	3,23	14,2	1,68	77,1
	70:30	600	2,94	11,4	1,48	79,3
80:20	80:20	500	3,83	18,1	1,87	80,1
		600	4,12	17,3	2,18	79,4
	70:30	600	3 59	16,4	2,03	79,7
	60:40	600	3,55	14,0	2,02	80,4
70:30	80:20	500	3,18	21,4	2,06	79,5

Tabelle 3. Abhängigkeit der Jodsorptionszahl (JSZ), des Wasserrückhaltevermögens (WRV) und des spezifischen elektrischen Widerstandes (SEW) vom Mischungsverhältnis

PVY:PVA	JSZ mg Jod/g Faser	WRV %	SEW $\Omega \cdot$ cm
100: 0	25,3	26,0	$1{,}1 \cdot 10^{10}$
90:80	45,6	43,6	$6{,}7 \cdot 10^{9}$
80:20	64,7	51,5	$6{,}4 \cdot 10^{9}$
70:30	80,9	89,2	$2{,}8 \cdot 10^{9}$

Grund der ermittelten Werte für das Wasserrückhaltevermögen und die Jodsorptionszahl (Tabelle 3) eine aufgelockerte Struktur erkennen. Erst nach längerem Stehen der Lösung tritt eine Assoziation der im PVY verteilten PVA-Tröpfchen ein, die sich in einer sichtbaren Gelbildung bzw. Phasentrennung äußert (Tabelle 1).

Die in Abhängigkeit vom Mischungsverhältnis PVY/PVA, der Koagulationsbadkonzentration und dem Reckgrad ermittelten textilphysikalischen Parameter sind in Tabelle 2 gegenübergestellt und zeigen mit den in [4] gefundenen Werten, bei denen als Lösungsmittel eine wäßrig/alkoholische Lösung von NaSCN eingesetzt wurde, gute Übereinstimmung.

Auffällig ist das Ansteigen der Schlingenfestigkeit, deren Ursache offensichtlich im Einbau der flexiblen PVA-Ketten in die Polymerlegierung zu suchen ist. Der Weißgehalt der Fäden erhöht sich mit zunehmenden PVA-Anteilen, während der spezifische elektrische Widerstand durch Zusatz der hydrophilen PVA-Komponente erniedrigt wird (Tabelle 3). Die mit zunehmenden PVA-Anteilen steigenden Werte für das Wasserrückhaltevermögen und die Jodsorptionszahl dürften sowohl auf eine Auflockerung der Faserstruktur als auch auf eine Zunahme an hydrophilen Gruppen der ersponnenen Fäden zurückzuführen sein.

Die Ergebnisse zeigen, daß aus Lösungen thermodynamisch nichtverträglicher Polymerkombinationen Fäden mit guten Eigenschaften erhalten werden können, wenn eine ausreichende kinetische Stabilität dieser Lösungen gegeben ist.

Literatur

[1] *Meißner, W.*, und *Berger, W.*: Zur Problematik der Herstellung von Chemiefaserstoffen aus Polymerlegierungen. Faserforsch. u. Textiltechnik **16** (1965) 8, S. 400–408.
[2] Verfahren zur Herstellung von Fäden, Fasern u. dgl. aus Mischungen von Acrylnitrilpolymerisaten mit Polyvinylalkohol. DWP 59 144 vom 1. 3. 1967.
[3] Herstellung von Polyacrylnitrilspinnlösungen. Toyo Boseki Kabushiki Kaisha, Japan: JaP 15045/61 vom 18. 8. 1959 ref.: Chem. Zbl. 1964, 28–2846.
[4] *Antoškina, T. F., Sevčenko, A. S., Judin, A. V.*, und *Konkin, A. A.*: Eigenschaften mit Polyvinylalkohol modifizierter Polyacrylnitrilfasern. Izv. vysšich uč. Zav. Technol. legkoj Prom. (Hochschulnachr. Technol. Leichtind.) (1968) 6, S. 45–50; dt. in: Sowj. Beitr. Faserforsch. Textiltechnik **6** (1969) 6, S. 306–309.
[5] Antistatischmachen und Verbessern der Anfärbbarkeit von Fäden aus Polyacrylnitril. Union Rhein. Braunkohlen AG, Wesseling: DAS 1207040 vom 29. 9. 1961.
[6] Spinnlösungen eines Gemisches aus Polyvinylalkohol und einem Vinylacetat/Vinylidencyanid-Copolymerisat in Dimethylsulfoxid und Fasern daraus. Kurashiki Rayon Co., Japan: USP 3165488 vom 15. 12. 60. Prior.: 15. 12. 59 (Ja; A.-Z.: 34/38 770).
[7] *Lukanjuk, Ja. S., Ševčenko, A. S.*, und *Judin, A. V.*: Einige Eigenschaften eines Gemisches von Polyacrylnitril- und Polyvinylalkohollösungen in Dimethylsulfoxid. Izv. vysšisch uč. Žav. Technol. legkoj Prom. (Hochschulnachr. Technol. Leichtind.) (1969) 4, S. 60–64; dt. in: Sowj. Beitr. Faserforsch. Textiltechnik **7** (1970) 1, S. 26–28.

Siegfried Hartig und *Werner Peters*
VEB Chemiefaserkombinat Schwarza „Wilhelm Pieck",
Chemiefaserwerk „Friedrich Engels" Premnitz

Werner Berger
Techn. Universität Dresden, Sektion Chemie

Eingegangen am 12. Juni 1972

Neue Bücher

Far-Infrared Spectroscopy. Von *K. D. Möller* und *W. G. Rothschild.* New York/London/Sidney/Toronto: Wiley-Interscience 1971. XIX, 797 S., Lwd. £ 14.25.

Dieses Buch ist ein weiterer Band in der von Wiley-Interscience herausgegebenen Reihe von Monographien über moderne Gebiete der reinen und angewandten Optik. Die Spektroskopie im fernen Ultrarot ist für weite Kreise interessant geworden, seit etwa in der ersten Hälfte der 60er Jahre kommerzielle Spektrometer für diesen Spektralbereich auf dem Markt erschienen. Sowohl über die experimentelle Methodik als auch über neue Ergebnisse auf den verschiedenen Gebieten der Chemie, physikalischen Chemie und Festkörperphysik ist seitdem eine Fülle von Arbeiten erschienen, so daß es sehr zu begrüßen ist, daß mit dem vorliegenden Werk der Versuch gemacht wurde, die wesentlichsten Gesichtspunkte der Spektroskopie im fernen Ultrarot in einer Monographie zusammenzufassen. Es sei gleich vorweg gesagt, daß es sich offenbar um einen gut gelungenen Versuch handelt.

Die ersten vier Kapitel, sie umfassen etwa ein Fünftel des Buches, sind der instrumentellen Technik gewidmet. Hier werden die einzelnen Bauelemente der Gitterspektrometer und der Fourier-Spektrometer beschrieben, wobei der Methodik der Fourier-Spektrometrie, der speziell im fernen Ultrarot die größeren Chancen einzuräumen sind, besondere Aufmerksamkeit geschenkt wird. Sehr ausführlich werden die Strahlungsfilter, einschließlich der Interferenzfilter, behandelt. Auch wichtiges Zubehör, wie z. B. Polarisatoren, Langweggasküvetten und Vakuumsysteme, wird beschrieben. Diese Kapitel enthalten nicht nur für den Anwender der fertigen Geräte, sondern auch für den Konstrukteur und Hersteller von Spektrometern viele wertvolle Hinweise.

Die folgenden vier Kapitel befassen sich mit der Anwendung der fernen Ultrarotspektroskopie auf die Untersuchung der Struktur, Konfiguration und Konformation der Moleküle. Im einzelnen werden die Valenz- und Deformationsschwingungen unter Beteiligung schwerer Atome, die im fernen Ultrarot liegenden Schwingungen der Wasserstoffbrücken, die Skelettschwingungen von gespannten Ringsystemen und Torsionen bei periodischen Potentialschwellen behandelt. Diese Kapitel sind auch für die Strukturuntersuchung an Polymeren von besonderem Interesse. In den beiden nächsten Kapiteln wird über die Untersuchung von Gasen und Dämpfen berichtet; zunächst über das reine Rotationsspektrum des Wassermoleküls und sodann über Theorie und Experiment der kollisionsinduzierten Spektren komprimierter Gase. In einem Kapitel über Rotations- und Translationsbewegungen in kondensierten Phasen wird unter anderem auf die Untersuchung des Schwingungsverhaltens von niedermolekularen Substanzen in einer Polymermatrix eingegangen, woraus Schlußfolgerungen über intermolekulare Kräfte in Weichmacher/Polymer-Systemen zu ziehen sind.

Es folgen zwei Kapitel über die Gitterdynamik kristalliner Festkörper. Anhand des zweiatomigen kubischen Kristalls werden die wichtigsten Grundbegriffe eingeführt: Frequenzzweige, Dispersionsrelationen, Phononenprozesse. Die gruppentheoretische Behandlung der Gitterschwingungen von vielatomigen Kristallen lehnt sich an die Darstellung in dem bekannten Buch von ***Zbinden*** über „Infrared Spectroscopy of High Polymers" an.

In sechs weiteren Kapiteln, die als Anhang deklariert wurden, kommen verschiedene Autoren zu Wort, die eine besonders kompetente Bearbeitung einiger Spezialgebiete der Spektroskopie im fernen Ultrarot gewährleisten. Sie berichten über defektinduzierte Gitterschwingungen, dielektrische Eigenschaften und optische Phononen in para- und ferroelektrischen Kristallen, magnetische Erscheinungen im fernen Ultrarot, Untersuchungen an Halbleitern, Supraleitfähigkeit und über die Rapid-Scan-Fourierspektroskopie.

Den Abschluß des Buches bildet eine von *E. D. Palik* zusammengestellte Bibliographie über das ferne Ultrarot, welche die Jahre 1892 bis 1969 umfaßt. Die älteren Jahrgänge dürften vor allem für den historisch interessierten Leser von Interesse sein. Die starke Zunahme der Anzahl der Arbeiten im letzten Jahrzehnt kommt in einer graphischen Darstellung deutlich zum Ausdruck. Inwieweit eine Vollständigkeit der Bibliographie erreicht wurde, läßt sich schwer abschätzen. Eine flüchtige Durchsicht im Hinblick auf Polymerarbeiten zeigt, daß es eine ganze Reihe nicht in der Bibliographie genannter Arbeiten gibt, die sich mit Untersuchungen im fernen Ultrarot befassen.

Vom Interessenschwerpunkt des Rezensenten und wahrscheinlich der meisten Leser dieser Zeitschrift aus betrachtet, kommen die Polymeren in dem Buch etwas zu kurz. Das liegt natürlich daran, daß es sich hierbei um ein Spezialgebiet handelt, das nicht unbedingt in eine Monographie Eingang finden muß. Die hohe Wertschätzung, die dem Buch entgegenzubringen ist, wird dadurch nicht gemindert. Obwohl es relativ wenig Forschungsstellen gibt, die sich selbst mit der Anwendung der Spektroskopie im fernen Ultrarot befassen, ist dem Buch eine weite Verbreitung zu wünschen, zeigt es doch, welche Möglichkeiten diese Methode für die Untersuchung der Molekülstruktur und der Festkörpereigenschaften bietet.

Die ausgezeichnete, großzügige Ausstattung des Buches verdient besonders hervorgehoben zu werden.

J. Dechant

Statistische Auswertungsmethoden. Von *Lothar Sachs.* Berlin/Heidelberg/New York: Springer 1972. 3. Aufl. XX, 548 S. mit 59 Abb. und 190 Tab. Geheftet DM 58,--.

Wenn nach der ersten Auflage 1968 bereits 1969 die zweite und nunmehr die dritte als neubearbeitete und erweiterte Auflage mit neuer Bibliographie folgte, so ist das sicherlich nicht nur ein Zeichen der großen Bedeutung statistischer Auswertungsmethoden in Technik, Medizin und Naturwissenschaften, sondern es dürfte auch ein Beweis dafür sein, daß der „Sachs" wirklich eine Fundgrube für den Anwender mathematisch-statistischer Methoden ist. Auf eine Inhaltsübersicht kann an dieser Stelle verzichtet werden, da hierüber bereits die Rezension der ersten Auflage genügend aussagt (siehe d. Z. **21** (1970) 3, S. 138).

Die dritte Auflage hat sowohl in der Form als auch inhaltlich an Übersichtlichkeit gewonnen. Damit wird dem Anwender das Auffinden der gesuchten Auswertverfahren erleichtert. Durch einige Ergänzungen wurde dem neuesten Entwicklungs- und Erfahrungsstand entsprochen. Das gilt sinngemäß auch für das ungewöhnlich umfangreiche und dennoch nur eine Auswahl enthaltende Literaturverzeichnis. Die Bibliographie enthält jetzt auch Wörter- und Adreßbücher sowie Hinweise auf Rechenzentren und Rechnerprogramme. Neu hinzugekommen ist ferner ein Namenverzeichnis.

H. Martin

Festkörperprobleme. XI. Advances in Solid State Physics. Hgg. von *O. Madelung.* Berlin: Akademie-Verlag 1971. VI, 304 S. Lwd. M 16,64.

Der Band enthält den größten Teil der Hauptvorträge, die auf der vom 22. bis 26. März 1971 in Münster durchgeführten Festkörperphysik-Tagung gehalten wurden. Darunter befinden sich auch einige zusammenfassende Vorträge, die über die Probleme der Festkörperphysik hinausgehen.

W. G. Spitzer gibt einen Überblick über die theoretischen und experimentellen Voraussetzungen für die Beobachtung hochfrequenter, lokalisierter Schwingungen von Störstellen in einem Kristallgitter. Die Diskussion ist auf die Ultrarot-Absorption in Halbleitersystemen beschränkt, und für das Beispiel GaAs:Si wird ein Überblick über die experimentellen Ergebnisse gegeben. Die angewendete Methode gestattet, den Einfluß anderer Fremdatome auf die Verteilung der Si-Atome auf die Gitterplätze zu studieren; die Messungen liefern auch Informationen über verschiedene Punktdefekte und ihre Symmetrien.

Der Vortrag über die Problematik tiefer Störstellen in Halbleitern (*H.-J. Queisser*) behandelt eine Theorie über stark lokalisierte Löcher oder Elektronen an tiefen Zentren. Es wird aufgezeigt, daß *Wannier*-Funktionen oder die LCAO-MO-Methode von ***Watkins*** und ***Messmer*** zur theoretischen Beschreibung geeignet sind. Optische Absorptionsmessungen werden bei der Zusammenfassung der experimentellen Werte besonders behandelt; sie zeigen, daß eine Deltafunktion das bindende Potential des Zentrums sehr gut annähert.

M. Guntersdorfer befaßt sich mit Halbleiter/Metall-Übergängen. In einigen Übergangsmetalloxiden wie VO, V_2O_3, VO_2 und Ti_2O_3 werden temperaturgesteuerte Leitfähigkeitsänderungen beobachtet. Am Beispiel des VO_2 wurde dieser Effekt im einzelnen untersucht und festgestellt, daß bei einer konstanten Temperatur T_s ein Leitfähigkeitssprung von mehr als vier Zehnerpotenzen auftritt, der von einer Strukturänderung begleitet wird. Nach den vorliegenden Messungen ergibt sich bei der Umwandlung vom Hoch- zum Tieftemperaturzustand eine Verdopplung der effektiven Gitterkonstante, die einen starken Einfluß auf die Leitfähigkeit der Substanz hat.

Theoretische und experimentelle Untersuchungen an amorphen Substanzen sind in dem Vortrag von *W. Brenig* enthalten. Bei der theoretischen Behandlung der elektronischen Eigenschaften amorpher Substanzen wird das von *P. W. Anderson* vorgeschlagene Modell zugrunde gelegt, und es werden daraus folgende Ergebnisse über die Termdichte sowie über optische und elektrische Eigenschaften diskutiert. Die aufgeführten experimentellen Ergebnisse betreffen amorphe Proben von Germanium, Selen und AS_2Se_3.

Vier Vorträge beschäftigen sich mit den physikalischen Eigenschaften von Festkörperoberflächen. Über den Einfluß der Präparation bei Versuchen mit Kristalloberflächen berichtet *E. Menzel*, den Ursprung elektronischer Zustände an Halbleiteroberflächen behandelt *M. Henzler*, während dynamische Eigenschaften an Festkörperoberflächen und Modellvorstellungen über Festkörperoberflächen von *H. Ibach* und *J. Langeheine* dargelegt werden.

Die Berichte über flüssige Kristalle (*H. Bässler*), über Plasmaphysik und Astrophysik (*D. ter Haar*) und über die kinetische Beschreibung von „schwachen Turbulenzen" (*K. Elsässer*) gehören zu den Vorträgen, die über die Probleme der Festkörperphysik hinausgehen. *Bässler* beschreibt Eigenschaften flüssig-kristalliner Phasen, wobei ausführlich auf Arbeiten über die cholesterische Phase eingegangen wird. Ein Abschnitt des Vortrages ist der quasielastischen *Rayleigh*-Streuung von Licht an der nematischen und isotropen Phase eines nematogenen Materials gewidmet; weiterhin wird eine Übersicht über den Einfluß elektrischer und magnetischer Felder auf die makroskopische Struktur flüssiger Kristalle gegeben.

Der 11. Band der Buchreihe „Festkörperprobleme" steht dem vom Rezensenten bereits besprochenen 10. Band weder in der Ausstattung noch in der inhaltlichen Gestaltung nach. Obwohl die Mehrzahl der Vorträge Problemen anorganischer Halbleiter gewidmet ist, dürfte der Inhalt des Bandes nicht nur den sich mit Festkörperforschung beschäftigenden Wissenschaftlern von großem Nutzen sein.

R. Danz

Patentschau

Auszug aus der Lieferung 5/6/1972 der Patentschau „Faserstoffe und Textiltechnik", Ausgabe A: Faserstoffe einschl. Kunststoffe und organ. Grundsubstanzen, zusammengestellt von der Abteilung Information und Dokumentation des Instituts für Polymerenchemie der DAW, 153 Teltow-Seehof, Kantstr. 55

Die Patentschau ist nach der internationalen Patentklassifikation (IPC) gegliedert. Es bedeuten: DLP = DDR-Patent; DTP = Deutsches Bundespatent; DTA = (West)-Deutsche Auslegeschrift; DTO = (West)-Deutsche Offenlegungsschrift; OEP = Österreichisches Patent; CHP = Schweizer Patent; FRP = Französisches Patent; GBP = Britisches Patent; JAP = Japanisches Patent; POP = Polnisches Patent; SWP = Schwedisches Patent; SUP = Sowjetisches Patent; CSP = Tschechoslowakisches Patent; USP = Amerikanisches Patent; A = Anmeldedatum, O bzw. B = Tag der Ausgabe der Offenlegungs-, Auslege- bzw. Patentschrift.

Sektion B. Arbeitsverfahren

B 65. Fördern, Packen, Lagern; Handhaben dünner oder fadenförmiger Werkstoffe

B 65h. Behandeln von dünnen oder fadenförmigem Gut, z. B. Folien, Gewebe, Kabel

DLP 83281. Verfahren zum Einspannen und zum axialen Verschieben von stangen-, draht-, faden- oder bandförmigen Werkstücken sowie Vorrichtungen zur Durchführung dieses Verfahrens. Erf.: *Jozsef Nemeth* u. *Ernö Csovak.* Inh.: Gepipari Technologiai Intezet (HU). A. 3. 3. 70, B. 12. 7. 71. Kl.: 47k, 1/01, Int. Kl.: G 12b. A.-Z.: WP 47k/149898. Prior.: 4. 3. 69 (HU; A.-Z.: GE/766).

DTO 1574310. Vorrichtung zum schlupffreien Kuppeln von Wickelhülse und Antriebswelle beim Aufwickeln von Fäden oder Folien. Erf.: *Ingo Grashorn.* Anm.: J. P. Bemberg AG, 5600 Wuppertal. A. 14. 8. 67, B. 24. 6. 71. Kl.: 47k, 5/10, Int. Kl.: B 65h 19/02. A.-Z.: P 1574310.

CHP 516467. Verfahren zur Steuerung eines Garnkörpers in Vorbereitung des Auffindens des äußeren Garnendes, und Gerät zur Ausführung des Verfahrens: Erf.: *John McKenzie.* Inh.: Leesona Ltd., Heywood, Lancashire (GB). A. 19. 11. 69, Int. Kl.: B 65h 54/22 63/02. A.-Z.: 17245/69. Prior.: 19. 11. 68 (GB; A.-Z.: 54737/68).

DTO 1774003. Vorrichtung zur Steuerung der Spannung in einem Garn. Erf.: *John Norton.* Anm.: Leesona Ltd., Heywood, Lancashire (GB). A. 20. 3. 68, B. 24. 6. 71. Kl.: 47k, 3/04, Int. Kl.: B 65h 59/40. A.-Z.: P 1774003. Prior.: 23. 3. 67 (GB; A.-Z.: 13712-67). Entspr. USP 3481011.

CHP 516468. Vorrichtung zum Auswerten der Spulgeschwindigkeit an Kreuzspulmaschinen. Erf.: *Erich Loepfe.* Inh.: Aktiengesellschaft Gebrüder Loepfe, Wetzikon, Korrespondenzadresse: Zypressenstraße 85, Zürich. A. 28. 5. 70. Int. Kl.: B 65h 63/00. A.-Z.: 8012/70.

CHP 517040. Vorrichtung zur Kontrolle der Knotenbildung an einer Fadenspulmaschine. Erf.: *Hansruedi Stutz.* Inh.: Aktiengesellschaft Gebrüder Loepfe, Wetzikon ZH. Postadresse: Zypressenstraße 85, Zürich. A. 17. 12. 70, Int. Kl.: B 65h 63/02, 54/22. A.-Z.: 18620/70.

Sektion C. Chemie und Metallurgie

CHEMIE

C 01. Anorganische Chemie

C 01b. Nicht-metallische Elemente, Metalloide und ihre Verbindungen, außer den unter C 01c aufgeführten

CHP 517049. Verfahren zur kontinuierlichen Graphitisierung von Kohlefilamenten in Form von Fäden, Fasern, Faserbändern oder Garnen. Erf.: *Roland Weisbeck, Gottfried Pampus, Carlhans Süling, Viktor Lwowski* u. *Lothar Preis.* Inh.: Farbenfabriken Bayer AG, Leverkusen (DT). A. 8. 12. 70. Int. Kl.: C 01b 31/07. A.-Z.: 18144/70. Prior.: 27. 12. 69 (DT; A.-Z.: P 1965003). Entspr. FRP 2074267.

C 03. Glas; Mineral- und Schlackenwolle

C 03b. Herstellung, Formgebung und Nachbehandlungsverfahren

C 03b 37/00. Herstellen oder Behandeln von Flocken, Fasern oder Fäden aus zähflüssigem Glas, zähflüssigen Mineralien oder Schlacken

DTO 1959762. Formrohr für Glasfasern. Erf.: *McCleery Beall Cunningham.* Anm.: Sonoco Products Co., Hartsville, S. C. (US). A. 28. 11. 69, B. 3. 6. 71. Kl.: 32a, 37/10, 37/10, Int. Kl.: C 03c 37/10. A.-Z.: P 1959762.

DTO 2058466. Glasfaserschmelzspinnvorrichtung mit einer Spinnkopfwanne aus einer Edelmetallegierung und Verfahren zur Herstellung einer solchen Vorrichtung. Erf.: *James H. Hansen, Nelson J. Leedy* u. *Robert O. Slonaker.* Anm.: Owens-Corning Fiberglas Corp., Toledo, Ohio (US). A. 27. 11. 70, B. 16. 6. 71. Kl.: 32a, 37/00, Int. Kl.: C 03b 37/00. A.-Z.: P 2058466. Prior.: 28. 11. 69, 31. 12. 69 (US; A.-Z.: 880625, 889461). A.-Z.: 880625 entspr. FRP 2070195.

USP 3607164. Vorrichtung zur Herstellung von Glasfäden. Erf.: *Graig L. Thom* u. *Charles L. McKinnis.* Inh.: Owens-Corning Fiberglass Corp. A. 18. 8. 69, B. 21. 9. 71. Kl.: 65-1, Int. Kl.: C 03b 37/00. 8 Anspr. A.-Z.: 850792.

USP 3591357. Verfahren zur Behandlung und Imprägnierung von Glasfaserbündeln zur Verstärkung von elastomeren Materialien. Erf.: *Nicholas S. Janetos, Alfred Marzocchi* u. *David E. Leary.* Inh.: Owens-Corning Fiberglas Corp. A. 13. 8. 69, B. 6. 7. 71. Kl.: 65-3, Int. Kl.: C 03c 25/02, B 32b 17/04. 22 Anspr. A.-Z.: 849676 (Zus. z. Pat. m. A.-Z.: 655944. A. 25. 7. 67). A.-Z.: 655944 entspr. FRP 1576043.

C 07. Organische Chemie

C 07c. Acyclische und carbocyclische Verbindungen

C 07c 57/00. Acyclische ungesättigte Carbonsäuren

DTO 1643827. Verfahren zur Herstellung der Phthalsäure. Erf.: *Ferdinand List* u. *Helmut Alfs.* Anm.: Chemische Werke Hüls AG, 4370 Marl (DT). A. 11. 11. 67, B. 1. 7. 71. Kl.: 12o, 14, Int. Kl.: C 07c. A.-Z.: P 1643827.

JAP 7036736. Bis(hydroxyalkyl)terephthalate. Erf.: *Noboru Fukuma, Toshioki Okamoto* u. *Hiroshi Hayami.* Inh.: Asahi Chemical Industry Co. Ltd. A. 15. 7. 67, B. 21. 11. 70. Int. Kl.: C 07c, C 08g.

C 07d. Heterocyclische Verbindungen

JAP 7037773. ε-Caprolactam. Erf.: *Katsuo Matsui, Toshikatsu Kobayashi* u. *Hajime Mori.* Inh.: Mitsubishi Chemical Industries Co. Ltd. A. 6. 12. 65, B. 30. 11. 70. Int. Kl.: C 07d.

JAP 7038822. Lactame. Erf.: *Shigeru Wakamatsu, Ryozo Kondo* u. *Masaru Okamoto.* Inh.: Toray, Industries, Inc. A. 14. 4. 66, B. 8. 12. 70. Int. Kl.: C 07d.

C 08. Makromolekulare Verbindungen; ihre Herstellung und chemische Verarbeitung; auf diesen Verbindungen beruhende Gemische

C 08b. Polysaccharide und deren Derivate

JAP 7040908. *Celluloseacetat.* Erf.: *Ichiro Kato.* Inh.: Teijin Ltd. A. 6. 4. 68, B. 22. 12. 70. Int. Kl.: C 08b.

C 08f. Polymerisationsprodukte

DLP 84269. Verfahren zur Herstellung neuer Polymerisationskatalysatoren. Erf.: *Adolfo Mayr, Umberto Giannini, Ermanno Susa, Paolo Longi, Ettore Giachetti* u. *Domenico Deluca.* Inh.: Montecatini Edison S.p.A. (IT). A. 23. 3. 70, B. 5. 9. 71. Kl.: 39b4, 1/34, Int. Kl.: C 08f. A.-Z.: 39b4/146376. Prior.: 24. 3. 69 (IT; A.-Z.: 14473 A/69). Entspr. FRP 2039843.

DTO 1720286. Verfahren zur Herstellung von Polymerisaten mit faserförmiger Struktur. Erf.: *Carl Heinrich Krauch* u. *Axel Sanner*. Anm.: Badische Anilin- & Soda-Fabrik AG, 6700 Ludwigshafen (DT). A. 22. 7. 67, B. 9. 6. 71. Kl.: 39b4, 1/08, Int. Kl.: C 08f 1/08. A.-Z.: P 1720286. Entspr. FRP 1592554 u. GBP 1235146.

DTO 1805635. Verfahren zum Herstellen von Homopolymerisaten des Äthylens. Erf.: *Hans Gropper, Franz Georg Mietzner, Klaus Kinkel* u. *Friedrich Urban*. Anm.: Badische Anilin- & Soda-Fabrik AG, 6700 Ludwigshafen (DT). A. 26. 10. 68, B. 16. 6. 71. Kl.: 39b4, 1/60, Int. Kl.: C 08f 1/60. A.-Z.: P 1805635. Entspr. OEP 290121.

CHP 516604. Verfahren zur Herstellung von stabilen Styrolcopolymerisat-Dispersionen. Erf.: *Wolfram Plettner*. Inh.: Reichhold-Albert-Chemie AG, Iversstraße 57, Hamburg 70 (DT). A. 16. 10. 68. Int. Kl.: C 08f 1/13, 19/02, 45/54. A.-Z.: 15438/68. Entspr. DTO 1946934.

JAP 7103178. Katalysatoren zur Herstellung kristalliner α-Olefin-Polymerer. Erf.: *Juntaro Sâsaki* u. *Toshio Segami*. Inh.: Mitsui Petrochemical Industries Ltd. A. 10. 11. 65, B. 26. 1. 71. Int. Kl.: C 08f, B 01j.

USP 3594357. Polymerisation von Vinylverbindungen mit ausgewählten Bor-Stickstoff-Verbindungen. Erf.: *Anestis L. Logothetis*. Inh.: E. I. du Pont de Nemours and Co., Wilmington, Del. A. 24. 6. 68, B. 20. 7. 71. Kl.: 260-88,2, Int. K.l: C 08f 1/74, 1/76. 25 Anspr. A.-Z.: 739151 (Zus. z. Pat. m. A.-Z.: 546615. A. 2. 5. 66). A.-Z.: 546615 entspr. FRP 1526360 u. GBP 1176717.

DLP 84733. Verfahren zur Massepolymerisation von Vinylchlorid bei tiefer Temperatur. Erf.: *Sergio Lo Monaco, Corrado Mazzolini, Alberto Moretti* u. *Luigi Patron*. Inh.: Chatillon Soc. An. Italiana per le Fibre Tessili Artificiali S.p.A. (IT). A. 31. 7. 70, B. 20. 9. 71. Kl.: 39b4, Int. Kl.: C 08f 3/30. A.-Z.: AP C 08f/149225. Prior.: 31. 7. 69 (IT; A.-Z.: 20357 A/69). Entspr. DTO 2037493, OEP 296606 u. FRP 2054659.

DTO 1720224. Verfahren zur Polymerisation von Vinylverbindungen. Erf.: *Sergio Lo Monaco, Alberto Moretti* u. *Luigi Patron*. Anm.: Chatillon S. A. Italiana per le Fibre Tessili Artificiali S.p.A., Mailand (IT). A. 8. 8. 67, B. 9. 6. 71. Kl.: 39b4, 3/30, Int. Kl.: C 08f 3/30. A.-Z.: P 1720224. Prior.: 10. 8. 66 (IT; A.-Z.: 21278). Entspr. DLP 63646 u. CHP 496033.

DTO 1720288. Herstellung von Vinylchloridpolymerisaten. Erf.: *Hans-Georg Trieschmann*. Anm.: Badische Anilin- & Soda-Fabrik AG, 6700 Ludwigshafen (DT). A. 9. 8. 67, B. 9. 6. 71. Kl.: 39b4, 3/30, Int. Kl.: C 08f 3/30. A.-Z.: P 1720288. Entspr. GBP 1237462 u. USP 3598798.

DTO 1720315. Verfahren zum Herstellen von Polymerisaten aus alpha-Olefinen. Erf.: *Joachim Stedefeder* u. *Gerhard Staiger*. Anm.: Badische Anilin- & Soda-Fabrik AG, 6700 Ludwigshafen (DT). A. 13. 10. 67, B. 16. 6. 71. Kl.: 39b4, 3/02, Int. Kl.: C 08f 3/02. A.-Z.: P 1720315. Entspr. OEP 285932, FRP 1584913 u. GBP 1234657.

DTO 1720355. Verfahren zur Herstellung von wäßrigen Polyacrylat- oder Polymethacrylat-Dispersionen. Erf.: *Albrecht Eckell* u. *Klaus Gulbins*. Anm.: Badische Anilin- & Soda-Fabrik AG, 6700 Ludwigshafen (DT). A. 13. 3. 68, B. 9. 6. 71. Kl.: 39b4, 3/62, Int. Kl.: C 08f 3/62. A.-Z.: P 172035. Entspr. CHP 505161, FRP 2003769 u. GBP 1253450.

DTO 1720442. Verfahren zur Herstellung von Polybuten-1 der Modifikation III. Erf.: *Albert Frese*. Anm.: Chemische Werke Hüls AG, 4370 Marl. A. 27. 2. 68, B. 24. 6. 71. Kl.: 39b4, 3/12, Int. Kl.: C 08f 3/12. A.-Z.: P 1720442. Entspr. GBP 1249214.

DTO 1948358. Verfahren zur Polymerisation von Vinylchlorid. Erf.: *Johann Bauer, Kurt Fendel* u. *Thomas Balwe*. Anm.: Wacker-Chemie GmbH, 8000 München (DT). A. 24. 9. 69, B. 3. 6. 71. Kl.: 39b4, 3/30, Int. Kl.: C 08f 3/30. A.-Z.: P 1948358. Entspr. FRP 2062531.

JAP 7040065. Kristallines Methacrylnitrilpolymeres. Erf.: *Nobuhide Teranishi* u. *Yasushi Jo*. Inh.: Mitsubishi Rayon Co. Ltd. A. 24. 8. 66, B. 16. 12. 70. Int. Kl.: C 08f, B 01j.

SUP 215506 (Urheberschein). Verfahren zur Herstellung von Polyäthylen. Erf.: *S. V. Šuckij, A. A. Serebrjakov, A. V. Šagilova, Z. V. Archipova, Ju. F. Bernat* u. *I. N. Andreeva*. A. 24. 2. 67, B. 26. 1. 71. Int. Kl.: C 08f 3/06. A.-Z.: 1136416/23-5.

DTO 1720480. Verfahren zur Herstellung von rein weißen Polystyrolmassen. Erf.: *Eichi Moriguchi, Michikazu Hiraoka, Teruhisa Mitsumori, Shonosuke Rokudo* u. *Takeshi Goto*. Anm.: Denki Kagaku Kogyo K. K., Tokio (JA). A. 20. 6. 67, B. 1. 7. 71. Kl.: 39b4, 7/04, Int. Kl.: C 08f. A.-Z.: P 1720480.

JAP 7103590. Vernetzbare Copolymere. Erf.: *Kenichi Morita, Yoshiharu Nakanishi, Yu Esumi, Tsuneo Kobayashi* u. *Sadao Yuguchi*. Inh.: Toray Industries Ind. A. 3. 3. 67, B. 28. 1. 71. Int. Kl.: C 08f, D 01f

JAP 7102664. Vinylchlorid/Äthylen (oder Propylen)-Copolymere. Erf.: *Kosaku Kamio* u. *Tatsuro Tadasa*. Inh.: Japan Carbide Industries Co. Ltd. A. 27. 5. 67, B. 22. 1. 71. Int. Kl.: C 08f.

USP 3607835. Acrylnitril-Copolymere und Verfahren zu ihrer Herstellung. Erf.: *Teo Paleologo, Roberto Costa* u. *Luigi Lugo*. Inh.: Societa Italiana Resine S.p.A., Mailand (IT). A. 16. 12. 68, B. 21. 9. 71. Kl.: 260-63N, Int. Kl.: C 08f 15/38, 15/40. 13 Anspr. A.-Z.: 784169. Prior.: 20. 12. 67 (IT; A.-Z.: 24187 A/67). Entspr. DTO 1815515.

DTO 1720295. Verfahren zum Chlorieren von Polyäthylen. Erf.: *Hans Georg Trieschmann, Gerhard Zeitler, Heiner Dickhäuser, Lothar Reuter*, u. *Helmut Pfannmüller*. Anm.: Badische Anilin- & Soda-Fabrik AG, 6700 Ludwigshafen (DT). A. 29. 8. 67, B. 9. 6. 71. Kl.: 39b4, 27/03, Int. Kl.: C 08f. A.-Z.: P 1720295. Entspr. FRP 1603357, GBP 1228921 u. USP 3547866.

DTO 1720314. Verfahren zum Herstellen modifizierter Polyisobutylene. Erf.: *Herbert Naarmann, Herbert Willersinn, Christoph Rüchardt* u. *Gerhard Hamprecht*. Anm.: Badische Anilin- & Soda-Fabrik AG, 6700 Ludwigshafen (DT). A. 13. 10. 67, B. 16. 6. 71. Kl.: 39b4, 27/00, Int. Kl.: C 08f 27/00. A.-Z.: P 1720314.

DTO 1669745. Thermoplastische Formmassen auf der Basis von Olefinpolymeren. Erf.: *Heinz Pohlemann, Helmut Merkel* u. *Bernd Stanger*. Anm.: Badische Anilin- & Soda-Fabrik AG, 6700 Ludwigshafen (DT). A. 22. 11. 67, B. 1. 7. 71. Kl.: 39b4, 29/02, Int. Kl.: C 08f 29/02. A.-Z.: P 1669745. Entspr. OEP 283725. CHP 500236, FRP 1593261 u. GBP 1238476.

DTO 1694659. Gemische auf Basis von Vinylchloridpolymeren. Erf.: *Antonio Ferri, Egidio Cerri* u. *Bruno Pozzer*. Anm.: Montecatini Edison S.p.A., Mailand (IT). A. 16. 1. 68, B. 1. 7. 71. Kl.: 39b4, 29/24, Int. Kl.: C 08f 29/24. A.-Z.: P 1694659. Prior.: 17. 1. 67 (IT; A.-Z.: 11563 A/67). Entspr. CHP 508673 u. FRP 1566261.

USP 3607986. Mit Vinylchlorid/Propylen-Copolymerem modifiziertes Polypropylen. Erf.: *Patrick W. Ager* u. *Louis A. Graham*. Inh.: FMC Corp., Philadelphia, Pa. A. 6. 12. 68, B. 21. 9. 71. Kl.: 260-897C, Int. Kl.: C 08f 29/12. 6 Anspr. A.-Z.: 781974.

C 08g. Polykondensations- und Polyadditionsprodukte

DTO 1720311. Verfahren zum Verbessern der thermischen Stabilität von Copolymerisaten des Trioxans. Erf.: *Ernst Ricker, Franz Schmidt* u. *Erich Schwartz*. Anm.: Badische Anilin- & Soda-Fabrik AG, 6700 Ludwigshafen (DT). A. 10. 10. 67, B. 16. 6. 71. Kl.: 39b5, 1/28, Int. Kl.: C 08g 1/28. A.-Z.: P 1720311. Entspr. OEP 284442, CHP 500241 u. FRP 1596592.

DTO 1963402. Verfahren zur Aufbereitung von rohen Oxymethylenpolymeren. Erf.: *Bruno Sander* u. *Heinrich Sperber*. Anm.: Badische Anilin- & Soda-Fabrik AG, 6700 Ludwigshafen. A. 18. 12. 69, B. 24. 6. 71. Kl.: 39b5, 1/04, Int. Kl.: C 08g 1/04. A.-Z.: P 1963402. Entspr. FRP 2070912.

DTO 1669401. Verfahren zur Herstellung geformter Gebilde aus saure Gruppen im Polymermolekül enthaltenden Mischpolyestern der Terephthalsäure. Erf.: *Hans Hoyer, Günther Keil* u. *Wilhelm Happe*. Anm.: Farbwerke Hoechst AG vorm. Meister Lucius & Brüning, 6230 Frankfurt-Höchst (DT). A. 16. 3. 66, B. 24. 6. 71. Kl.: 29b, 3/60, 39b5, 39/02, Int. Kl.: D 01f, C 08g 39/02. A.-Z.: P 1669401 (F 48665). Entspr. GBP 1185993.

DTO 1720490. Verfahren zur Herstellung von teilkristallinen ungestättigten Polyestern in feinkörniger Form. Erf.: *Harald Janßen*. Anm.: Dynamit Nobel AG, 5210 Troisdorf (DT). A. 27. 7. 67, B. 1. 7. 71. Kl.: 39b5, 17/10, Int. Kl.: C 08g 17/10. A.-Z.: P 1720490.

DTO 2060604. Verfahren zur Herstellung von linearen Polyestern. Erf.: *Francesco Siclari, Edgardo Horak* u. *Alessandro Biggio*. Anm.: Snia Viscosa Societa Nazionale Industria Applicazioni Viscosa S.p.A., Mailand (IT). A. 9. 12. 70, B. 9. 6. 71. Kl.: 39b5, 17/14, Int. Kl.: C 08g 17/14. A.-Z.: P 2060604. Prior.: 9. 12. 69 (IT; A.-Z.: 25545 A/69). Entspr. FRP 2070782.

JAP 7039107. Fadenbildende Polyester. Erf.: *Hideya Funahashi, Rinzo Oono* u. *Yasuhiro Tokiyama*. Inh.: Japan Ester Co. Ltd. A. 22. 2. 67, B. 9. 12. 70. Int. Kl.: C 08g, C 07c, B 01j.

JAP 7039109. Stabilisieren verzweigter Polyester. Erf.: *Takeo Shima, Akiharu Asami* u. *Takanori Urasaki*. Inh.: Toyama Chemical Industry Co. Ltd. A. 1. 3. 67, B. 9. 12. 70. Int. Kl.: C 08g.

JAP 7041235. Hochmolekulare Polyester für Reifencord. Erf.: *Takeo Shima*. Inh.: Teijin Ltd. A. 11. 10. 66, B. 24. 12. 70. Int. Kl.: C 08g.

JAP 7041400. Polyäthylenterephthalat. Erf.: *Hidehiko Kobayashi, Kiichiro Sasahara, Hiroo Kawashima* u. *Nakaba Kawamoto*. Inh.: Asahi Chemical Industry Co. Ltd. A. 11. 8. 67, B. 25. 12. 70. Int. Kl.: C 08g.

USP 3607804. Anfärbbare pillingbeständige Polyester. Erf.: *Akihiro Nishimura*. Inh.: Dow Badische Co., Williamsburg, Va. A. 16. 7. 69, B. 21. 9. 71. Kl.: 260-22D, Int. Kl.: C 08f 21/04, C 03g 17/16. 16 Anspr. A.-Z.: 842390. Entspr. DTO 2032818 u. FRP 2051785.

DLP 84487. Verfahren zur Herstellung lichtstabiler Polyamidmaterialien. Erf. u. Inh.: *Gerhard Reinisch, Werner Jaeger* u. *Klaus Dietrich*, Deutsche Akademie der Wissenschaften zu Berlin (DL). A. 12. 3. 69, B. 12. 9. 71. Kl.: 39c, 10, Int. Kl.: C 08g. A.-Z.: WP 39c/138496.

DTO 1720322. Verfahren zum Polymerisieren von Caprolactam. Erf.: *Paul Wittmer, Günther Becht* u. *Helmut Dörfel*. Anm.: Badische Anilin- & Soda-Fabrik AG, 6700 Ludwigshafen (DT). A. 11. 11. 67, B. 16. 6. 71. Kl.: 39b5, 20/12, Int. Kl.: C 08g 20/12. A.-Z.: P 1720322. Entspr. FRP 1591001 u. GBP 1237953.

DTO 1720346. Verfahren zur Herstellung aromatischer Polyiminoimide. Erf.: *Manfred Sander* u. *Heinrich Deibig*. Anm.: Du Pont Fotowerke Adox GmbH, 6000 Frankfurt (DT). A. 31. 1. 68, B. 9. 6. 71. Kl.: 39b5, 20/32, Int. Kl.: C 08g 20/32. A.-Z.: P 1720346. Entspr. CHP 509364.

GBP 1254004. Copolyamide und ihre Herstellung. Inh.: Imperial Chemical Industries Ltd. A. 14. 4. 70, B. 17. 11. 71. Kl.: C 3.R, Int. Kl.: C 08g 20/20, 41/02. A.-Z.: 22508/69. Entspr. DTO 2020553 u. FRP 2049088.

DTO 1964998. Verfahren zur Herstellung von Polyurethanelastomeren. Erf.: *Klaus König, Erwin Müller, Cornelius Mühlhausen* u. *Uwe Jens Döbereiner*. Anm.: Farbenfabriken Bayer AG, 5090 Leverkusen (DT). A. 24. 12. 69, B. 1. 7. 71. Kl.: 39b5, 22/10, Int.: Kl. C 08g 22/10. A.-Z.: P 1964998. Entspr. FRP 2074265.

FRP 2080637 (B). Neue Polymere. Inh.: Imperial Chemical Industries Ltd. A. 29. 6. 70, B. 24. 12. 71. Int. Kl.: C 08g 22/00, 53/00. A.-Z.: 7024051. Prior.: 20. 2. 70 (GB; A.-Z.: 8222/70).

JAP 7037992. Katalysator zur Herstellung aromatischer Polyäther aus substituierten Phenolen. Erf.: *Hidehiko Kobayashi, Hiroshi Ohama*, u. *Shinichi Izawa*. Inh.: Asahi Chemical Industry Co. Ltd. A. 14. 11. 66, B. 1. 12. 70. Int. Kl.: C 08g, B 01j, C 07c.

SUP 295438 [Urheberschein). Verfahren zur Herstellung von thermisch beständigen aromatischen Polysulfonen. Erf.: *M. S. Akutin, S. L. Libina, N. I. Kucenko, N. M. Grebenjuk, K. I. Il'ina, A. I. Semenova, N. V. Kurdjaeva* u. *L. D. Percov*. A. 22. 12. 67, B. 1. 10. 71. Int. Kl.: C 08g 23/00. A.-Z.: 1204956/23-5.

SUP 297291 (Urheberschein). Verfahren zur Herstellung von Polybenzoxazolen. Erf.: *M. S. Akutin, I. O. Elin, E. G. Ljubeškina, G. M. Cejtlin, A. I. Pavlov, V. V. Koršak*, u. *A. B. Paškov*. A. 26. 8. 67, B. 11. 6. 71. Int. Kl.: C 08g 33/04. A.-Z.: 1182894/23-5.

SUP 301073 (Urheberschein). Verfahren zur Herstellung von Polysulfonen. Erf.: *M. S. Akutin, S. L. Libina, N. M. Grebenjuk* u. *G. G. Popov*. A. 9. 1. 69, B. 11. 6. 71. Int. Kl.: C 08g 33/10. A.-Z.: 1295911/23-5.

GBP 1253534. Verfahren zur Herstellung von Polymerlösungen. Inh.: Imperial Chemical Industries Ltd. A. 17. 1. 69, B. 17. 11. 71. Kl.: C3.R, Int. Kl.: C 08g 35/00, 41/00, C 08f 1/08. A.-Z.: 20215/68. Entspr. DTO 1905555 u. FRP 2028485.

DTO 1769213. Thermoplastische Formmassen aus Polyacetalen. Erf.: *Karlheinz Burg, Klemens Gutweiler* u. *Ernst Wolters*. Anm.: Farbwerke Hoechst AG vorm. Meister Lucius & Brüning, 6000 Frankfurt (DT). A. 20. 4. 68, B. 1. 7. 71. Kl.: 39b 5, 37/02, Int. Kl.: C 08g 37/02. A.-Z.: P 1769213. Entspr. GBP 1223522.

DLP 83463. Verfahren zur Herstellung von Formmassen aus Polyamiden und Olefin-Copolymerisaten. Erf. u. Inh.: *Manfred Rätzsch* u. *Hubert Schade*. A. 5. 6. 70, B. 20. 7. 71. Kl.: 39b5, 20/02, Int. Kl.: C 08g 20/02. A.-Z.: WP C 08g /147955.

DTO 1694156. Lichtstabilisierte Polyamide. Erf.: *Karl-Heinz Hermann, August Böckmann, Hans Rudolph* u. *Walter Böckmann*. Anm.: Farbenfabriken Bayer AG, 5090 Leverkusen (DT). A. 9. 6. 67, B. 9. 6. 71. Kl.: 39b5, 41/02, Int. Kl.: C 08g 41/02. A.-Z.: P 1694156.

C 08j. Allgemeine Herstellungs- und Verarbeitungsverfahren

USP 3607821. Verfahren zur Herstellung stabiler Dispersionen von Partikeln synthetischer Polymerer in einer inerten organischen Flüssigkeit. Erf.: *Michael R. Clarke* u. *Leon Filipowicz*. Inh.: Balm Paints Ltd., Melbourne, Victoria (AU). A. 27. 6. 68, B. 21. 9. 71. Kl.: 260-34,2, Int. Kl.: C 08f 47/20, C 08j 1/46. 8 Anspr. A.-Z.: 740469. Prior.: 6. 7. 67 (AU; A.-Z.: 24202/67).

Sektion D. Textilien und Papier

TEXTILIEN

D 01. Natürliche und künstliche Fäden und Fasern; Spinnen

D 01d. Mechanische Verfahren und Vorrichtungen für die Herstellung von künstlichen Fäden, Gespinsten, Fasern, Borsten oder Bändern

DTO 1660435. Spinndüsenfilter. Erf.: *Karl Kassner.* Anm.: Gebr. Kufferath, 5161 Mariaweiler (DT). A. 6. 4. 67, B. 16. 6. 71. Kl.: 29a, 6/12, Int. Kl.: D 01d. A.-Z.: P 1660435 (K 61922). Entspr. CHP 455130.

DTO 1660174. Spinnvorrichtung zum Herstellen von Garnen mit einer Vielzahl von Endlosfäden mit Schichtstruktur und Spinnverfahren zur Herstellung solcher Garne. Erf.: *Robert Stuijters.* Anm.: Algemene Kunstzijde Unie N. V., Arnheim (NL). A. 21. 2. 67, B. 16. 6. 71. Kl.: 29a, 6/10, Int. Kl.: D 01d 3/00. A.-Z.: P 1660174 (A 54970). Prior.: 25. 2. 66 (NL; A.-Z.: 6602465). Entspr. OEP 285029, FRP 1512700 u. GBP 1181013.

DTO 1660231. Verfahren zur Herstellung endloser, orientierter multifiler Fäden. Erf.: *Heinz Schippers* u. *Rolf Hessenbruch.* Anm.: Barmag Barmer Maschinenfabrik AG, 5600 Wuppertal (DT). A. 21. 4. 67, B. 1. 7. 71. Kl.: 29a, 6/06, Int. Kl.: D 01d 5/00. A.-Z.: P 1660231 (B 92161). Entspr. DLP 63847. CHP 482034, FRP 1550191 u. GBP 1176357.

DTO 1660344. Polyesterfaser. Erf.: *Helmut Werner,* u. *Hans Stapp.* Anm.: Glanzstoff AG, 5600 Wuppertal (DT). A. 23. 9. 67, B. 16. 6. 71. Kl.: 29a, 6/04, Int. Kl.: D 01d. A.-Z.: P 1660344 (G 51158). Entspr. FRP 1581901.

DTO 1660546. Verfahren zur Herstellung von Stapelfasern. Erf.: *Jan Dekker* u. *Hans Frielingsdorf.* Anm.: Shell Internationale Research Maatschappij N. V., Den Haag (NL). A. 14. 2. 67, B. 24. 6. 71. Kl.: 29a, 6/05, Int. Kl.: D 01d. A.-Z.: P 1660546 (S 108317). Prior.: 16. 2. 66 (NL; A.-Z.: 6601968. Entspr. CHP 448363, FRP 1511362 u. GBP 1120872.

DTO 1660606. Verfahren zur Verbesserung der Fülle und des Zusammenhaltens von synthetischen Fadensträngen. Erf.: *Jan Dekker.* Anm.: Shell Internationale Research Maatschappij N. V., Den Haag (NL). A. 30. 5. 67, B. 16. 6. 71. Kl.: 29a, 6/06, Int. Kl.: D 01d. A.-Z.: P 1660606 (S 110075). Prior.: 1. 6. 66 (NL; A.-Z.: 6607534). Entspr. FRP 1524824 u. GBP 1119888.

DTO 1660623. Fasern und Fäden mit Sonderquerschnitt. Erf.: *Eugenio Rottenbacher* u. *Francesco Sassanelli.* Anm.: Snam Progetti S. p.A., Mailand (IT). A. 27. 10. 67, B. 24. 6. 71. Kl.: 29a, 6/06, Int. Kl.: D 01d 5/22. A.-Z.: P 1660623 (S 112597). Prior.: 27. 10. 66 (IT; A.-Z.: 29321 A/66). Entspr. FRP 1588170 u. GBP 1153507.

DTO 1660634. Verfahren zu der Herstellung kristalliner Polymerfasern. Erf.: *Albertus Johannes Pennings* u. *Arie Post.* Anm.: Stamicarbon N. V., Heerlen (NL). A. 2. 1. 67, B. 16. 6. 71. Kl.: 29a, 6/06, Int. Kl.: D 01d. A.-Z.: P 1660634 (S. 726334). Prior.: 3. 1. 66 (NL; A.-Z.: 6600004). Entspr. FRP 1510259 u. GBP 1142253.

DTO 2059601. Verfahren und Vorrichtung zum kontinuierlichen Spinnen und Strecken von Kunstfaserfäden, insbesondere von Polyesterfäden. Erf.: *Paolo Parmeggiani, Domenico Nicita* u. *Bruno D'Alo'.* Anm.: Snia Viscosa Societa Nazionale Industria Applicazioni Viscosa, Mailand (IT). A. 3. 12. 70, B. 9. 6. 71. Kl.: 29a, 6/31, Int. Kl.: D 01d 5/16. A.-Z.: P 2059601. Prior.: 4. 12. 69 (IT; A.-Z.: 25356 A/69). Entspr. FRP 2072824.

USP 3594459. Verfahren zur Herstellung konjugierter, geschäumter fibrillierter Strukturen Erf.: *Herbert W. Keuchel.* Inh.: Celanese Corp., New York, N. Y. A. 3. 4. 67, B. 20. 7. 71. Kl.: 264–47, Int. Kl.: B 29d, B 29f 3/10. 5 Anspr. A.-Z.: 628030.

USP 3608002. Herstellung von Spinnfäden gleichmäßiger Stärke. Erf.: *Dieter Wurstlin* u. *Heinz Hornig.* Inh.: Farbenfabriken Bayer AG, Leverkusen (DT). A. 17. 11. 69, B. 21. 9. 71. Kl.: 264-40, Int. Kl.: D 01d 5/06, 11/00. 1 Anspr. A.-Z.: 871676 (Zus. z. Pat. m .A.-Z.: 604450. A. 23. 12.66).

DTO 1660343. Verfahren zum Abziehen zweier Spulen von ihrer gemeinsamen rotierenden Welle sowie Vorrichtung zum Abziehen von Spulen. Erf.: *Franz Ettinger, Hermann Steinbrech, Winfried Neumann* u. *Jakob Vollhardt.* Anm.: Glanzstoff AG, 5600 Wuppertal (DT). A. 23. 8. 67. B. 9. 6. 71. Kl.: 29a, 6/01, Int. Kl.: D 01d. A.-Z.: P1660343 (G 50933).

CHP 517184. Verfahren zur Behandlung eines Fadens auf einer Spinn-Streck-Spul-Maschine und Vorrichtung zur Durchführung des Verfahrens. Erf.: *Armin Wirz.* Inh.: Maschinenfabrik Rieter AG, Winterthur. A. 6. 11. 68, Int. Kl.: D 01d 7/00, B 65h 63/00. A.-Z.: 16659/68. Entspr. DTO 1952231 u. FRP 2022670.

DTO 1660696. Vorrichtung zum Heißverstrecken von synthetischen Fäden. Erf.: *Karl Lehner.* Anm.: Vickers-Zimmer AG Planung und Bau von Industrieanlagen, 6000 Frankfurt (DT). A. 3. 8. 67, B. 1. 7. 71. Kl.: 29a, 6/31, Int. Kl.: D 01d 13/00, D 02j 1/22. A.-Z.: P 1660696 (V 34197). Entspr. DLP 68326, CHP 476874, FRP 1567562 u. GBP 1219313.

DTO 1959034. Anordnung zum gleichzeitigen Herstellen einer Vielzahl von endlosen gebündelten Profilsträngen flachen, runden oder profilierten Querschnitts aus thermoplastischen Werkstoffen. Erf.: *Heinz Schippers, Friedhelm Hensen* u. *Erich Lenk.* Anm.: Barmag Barmer Maschinenfabrik AG, 5600 Wuppertal (DT). A. 25. 11. 69, B. 3. 6. 71. Kl.: 29a, 6/06, Int. Kl.: D 01d 13/00. A.-Z.: P 1959034. Entspr. FRP 2072325.

DTO 1962946. Fadenschacht. Erf.: *Erich Lenk.* Anm.: Barmag Barmer Maschinenfabrik AG, Sitz Wuppertal, 5630 Remscheid (DT). A. 16. 12. 69, B. 24. 6. 71. Kl.: 29a, 6/31, Int. Kl.: D 01d 13/02. A.-Z.: P 1962946. Entspr. CHP 510133 u. FRP 2073 805.

DTO 1963123. Vorrichtung zur Regulierung strömender Gase in rechteckigen, quadratischen oder ovalen Kanälen, insbesondere für Blasschächte. Erf.: *Otto Heinrich Graf Hagenburg* u. *Axel Stolz.* Anm.: *Otto Heinrich Graf Hagenburg,* 8192 Geretsried (DT.) A. 17. 12. 69, B. 24. 6. 71. Kl.: 29a, 6/31, 60c, 1/02, Int. Kl.: D 01d 13/02, F 15d 1/02. A.-Z.: P 1963123.

D 01f. Chemische Gesichtspunkte bei der Herstellung von künstlichen Fäden, Gespinsten, Fasern, Borsten oder Bändern

CHP 517185. Verfahren zum Färben von Celluloseestern in der Spinnmasse. Erf.: *Christian Zickendraht.* Inh.: Ciba-Geigy AG, Basel. A. 20. 2. 69. Int. Kl.: D 01f 3/36. A.-Z.: 2620/69. Entspr. DTO 2006444 u. FRP 2037105.

USP 3607815. Färbbare Polyolefinfaser. Erf.: *Tad L. Patton.* Inh.: Esso Research and Engineering Co. A. 21. 5. 68, B. 21. 9. 71. Kl.: 260–30, 6, Int. Kl.: C 08f 45/22, 45/50. 12 Anspr. A.-Z.: 730915.

JAP 7025987. Polypropylen-Kompositionen. Erf.: *Katsura Yokoyama, Kenzo Kobushiro* u. *Ryoichi Yamada.* Inh.: Mitsubishi Petrochemical Co. Ltd. A. 10. 5. 67, B. 27. 8. 70. Kl.: 25 H 311.2.

JAP 7025854. Kupferammoniakcellulose-Spinnlösung. Erf.: *Yoshisada Sugimoto* u. *Kiyoharu Ishii.* Inh.: Asahi Chemical Industry Co. Ltd. A. 12. 10. 67, B. 26. 8. 70. Kl.: 42 B 21.

USP 3608041. Spinnverfahren. Erf.: *Joseph Germano Santangelo.* Inh.: Celanese Corp., New York, N. Y. A. 17. 12. 69, B. 21. 9. 71. Kl.: 264–176, Int.: Kl.: B 29b 3/20, D 01f 3/26. 11 Anspr. A.-Z.: 885996 (Teil v. Pat. m. A.-Z.: 750839. A. 7. 8. 68; u. Zus. z. Pat. 3537135, A. 3. 1. 68. A.-Z.: 336683). A.-Z.: 750839, USP 3537135. A.-Z.: 336683, USP 3537135. Entspr. DTO 1660238, FRP 1420193 u. GBP 1054904.

DTO 1669423. Verfahren zur Herstelllung von elastischen Polyurethanfäden Erf.: *Wolfgang Keberle, Heinz Hornig* u. *Gustav Sinn.* Anm.: Farbenfabriken Bayer AG, 5090 Leverkusen (DT). A. 10. 3. 67, B. 3. 6. 71. Kl.: 29b, 3/60, Int. Kl.: D 01f. A.-Z.: P 1669423 (F 51780). Entspr. OEP 282808, CHP 496820, FRP 1562309 u. GBP 1206535.

DTO 1669425. Verfahren zur Herstellung von Fäden aus Acrylnitrilpolymerisaten. Erf.: *Heino Logemann, Erwin Karl Schnalke, Dieter Kramer, Carlhans Süling, Alfred Nogaj* u. *Herbert Marzolph.* Anm.: Farbenfabriken Bayer AG, 5090 Leverkusen (DT). A. 30. 5. 67, B. 3. 6. 71. Kl.: 29b, 3/65, Int. Kl.: D 01f. A.-Z.: P 1669425 (F 52552). Entspr. FRP 1567520 u. GBP 1169501.

JAP 7026571. Polyamidfaserstoffe.Erf.: *Keizo Kobayashi, Akira Yonenaga* u. *Nobuya Ito.* Inh.: Toray Industries Ind. A. 23. 9. 67, B. 2. 9. 70. Kl.: 42 D 11.

USP 3608043. Verfahren zum Regenerieren von Spinnbädern. Erf.: *Cesare Reni* u. *Luigi Lugo.* Inh.: Societa Italiana Resine S.p.A., Mailand (IT). A. 16. 12. 68, B. 21. 9. 71. Kl.: 264–179, Int. Kl.: B 29h 19/00. 11 Anspr. A.-Z.: 784180. Prior.: 20. 12. 67 (IT; A.-Z.: 24188-A/67). Entspr. DTO 1816045 u. FRP 1596196.

D 02. Garne; mechanische Veredlung von Garnen oder Seilen: Schären oder Bäumen

D 02g. Kräuseln oder Krimpfen (Texturieren) von Fasern, Fäden, Zwirnen oder Garnen; Garne oder Zwirne

DTO 1660338. Vorrichtung zum Verwirbeln der Kapillaren multifiler Fäden. Erf.: *Peter Heinen* u. *Josef Rongen.* Anm.: Glanzstoff AG, 5600 Wuppertal (DT). A. 1. 2. 67, B. 1. 7. 71. Kl.: 29a, 6/20, Int. Kl.: D 02g 1/16, D 02j 1/02. A.-Z.: P 1660338 (G 49149). Entspr. DLP 66670, GBP 1217536 u. USP 3460213.

DTO 1660444. Verfahren zum Bauschen eines multifilen Garnes. Erf.: *Bruno Preuße.* Anm.: Kuag Textil AG, 5600 Wuppertal (DT). A. 4. 11. 67, B. 24. 6. 71. Kl.: 29a, 6/20, Int. Kl.: D 02g. A.-Z.: P 1660444 (K 63794).

DTO 1946791. Elastisches texturiertes Garn und Verfahren zu seiner Herstellung. Erf.: *Robert Schnegg, Karl-August Heinroth, Herbert Neumann, Rudi Dauscher, Helmut Ohse* u. *Klaus Nickel.* Anm.: Farbenfabriken Bayer AG, 5090 Leverkusen (DT). A. 16. 9. 69, B. 8. 4. 71. Kl.: 29a, 6/20, Int. Kl.: D 02g 1/00. A.-Z.: P 1946791.

DTO 1961370. Verfahren zur Herstellung von mäßig elastischen, hochvoluminösen Endlosgarnen. Erf.: *Herbert Scherzberg.* Anm.: Farbenfabriken Bayer AG, 5090 Leverkusen (DT). A. 6. 12. 69, B. 16. 6. 71. Kl.: 29a, 6/20 Int. Kl.: D 02g 1/00. A.-Z.: P 1961370. Entspr. FRP 2072959.

USP 3604196. Verfahren zur Herstellung latent kräuselbarer Fäden aus einer Polymermischung und das Produkt. Erf.: *Dusan C. Prevorsek, George E. R. Lamb, Krishnan Thiruvillakkat* u. *Hendrikus J. Oswald.* Inh.: Allied Chemical Corp., New York, N. Y. A. 10. 7. 69, B. 14. 9. 71. Kl.: 57–140, Int. Kl.: D 02g 1/20, 3/02. 6 Anspr. A.-Z.: 840759. Entspr. DTO 2031440 u. FRP 2056252.

USP 3604199. Gleichzeitiges Kräuseln mehrerer Fäden. Erf.: *Eugene Torello-Viera* u. *Alexander L. Trifunovic.* Inh.: Joseph Bancroft & Sons Co., Wilmington, Del. A. 3. 4. 69, B. 14. 9. 71. Kl.: 57–157, Int. Kl.: D 02g 3/28. 3 Anspr. A.-Z.: 813031. Entspr. DTO 2015030 u. FRP 2042809.

USP 3593513. Färben von Mischfäden aus synthetischen Polymeren. Erf.: *Cecil Everret Reese.* Inh.: E. I. du Pont de Nemours and Co., Wilmington, Del. A. 5. 9. 67, B. 20. 7. 71. Kl.: 57–140, Int. Kl.: D 02g 3/04. 4 Anspr. A.-Z.: 665623. Entspr. FRP 1581284.

PAPIER

D 21. Papierherstellung; Gewinnung von Cellulose bzw. Zellstoff

D 21c. Gewinnung von Cellulose durch Abscheiden nichtcelluloseartiger Substanzen von cellulosehaltigen Stoffen; Wiedergewinnungng der Zellstoffablaugen: Vorrichtungen dafür

DTO 1621683. Vertikalmischer zur Zellulose- oder Papierfabrikation. Erf.: *Rudolf Jensen.* Anm.: Gebr. Bellmer KG, Maschinenfabrik. 7532 Niefern (DT). A. 22. 9. 67, B. 3. 6. 71. Kl.: 55c, 1, Int. Kl.: D 21c. A.-Z.: P 1621683 (B 94604). Entspr. FRP 1580099.

SWP 341654. Kontinuierliche Waschvorrichtung für Zellstoffe. Erf.: *J. C. F. C. Richter.* Inh.: Kamyr AG, Karlstad (SW). A. 18. 3. 69, B. 10. 1. 72. Int. Kl.: D 21c 9/02. A.-Z.: 3702/69.

JAP 7040161. Rückgewinnung von Chemikalien aus Verbrennungsrückständen von Ablaugen des Sulfitzellstoffausschlusses. Erf.: *Akio Onda.* Inh.: Japan Bureau of Industrial Technology. A. 25. 12. 67, B. 17. 12. 70. Int. Kl.: C 01b, D 21c.

Sektion G. Physik

G 01. Messen

G 01n. Untersuchen der chemischen oder physikalischen Eigenschaften von Stoffen

DLP 84281. Verfahren, Einrichtung und Schaltungsanordnung zum Ermitteln und Registrieren von Durchmesserfehlern an laufenden Garnen. Erf. u. Inh.: *Franz Wagner, Helmut Drescher, Peter May* u. *Kurt-Bernd Otto,* Industrielle Elektronik (DL). A. 14. 7. 70, B. 5. 9. 71. Kl.: 42k, 50, Int. Kl.: G 01n. A.-Z.: WP 42k/148775.

USP 3602040. Mit hoher Geschwindigkeit arbeitende Vorrichtung zur Prüfung der Fadenreißfestigkeit. Erf.: *Charles E. Shulze.* Inh.: United Aircraft Corp., East Hartford, Conn. A. 8. 12. 69, B. 31. 8. 71. Kl.: 73–95,5, Int. Kl.: G 01n 3/02. 4 Anspr. A.-Z.: 882978.

SUP 304482 (Urheberschein). Vorrichtung für die Messung der Diffusion von hochmolekularen Stoffen. Erf.: *M. H. Achmadeev* u. *I. V. Minin.* Anm.: Ufimskij neftjanoj naučno-issledovatel'skij Institut. A. 26. 5. 69, B. 25. 5. 71. Int. Kl.: G 01n 13/00. A.-Z.: 1335162/26–25.

SUP 304484 (Urheberschein). Verfahren zur Bestimmung der relativen Molekülmasse und der Verteilung der relativen Molekülmasse von Polymeren. Erf.: *V. L. Jusfin.* Anm.: Naučno-issledovatel'skij Institut plastičeskich Mass. A. 24. 10. 64, B. 25. 5. 71. Int. Kl.: G 01n 21/02. A.-Z.: 926801/26–25.

Literaturschau

Auszug aus Lieferung 13 und 14/1972 der Literaturschau „Faserstoffe und Textiltechnik", zusammengestellt von der Abteilung Information und Dokumentation des Instituts für Polymerenchemie der DAW, 153 Teltow-Seehof, Kantstr. 55

I. Wissenschaftliche Grundlagen

Allgemeines

(Untersuchungsmethoden u. a.)

Gehatia, M., Wiff, D. R.: Bestimmung einer Verteilung der relativen Molekülmasse aus der Gleichgewichtssedimentation durch Anwendung von Ordnungsfunktionen. Experimentelle Verifizierung. European Polymer J. **8** (1972) 4, S. 585–587.

Włochowicz, A., Krol, K.: Vergleich der Röntgenographentechniken zur Bestimmung des Kristallinitätsgrades am Beispiel der Polyamidfaser. Przegl. włókienn. (Textil-Rdsch.) **26** (1972) 2, S. 59–62.

Hueso, J. A.: Qualitative Bestimmung von ätherlöslichen DNP-Aminosäuren mittels Hochspannungselektrophorese und Dünnschichtchromatographie. Invest. Inform. textil, Tensioactivos, Barcelona **15** (1972) 1, S. 17–23.

Physik und Chemie der Hochpolymeren

Rothschild, W. G.: Beweglichkeit von kleinen Molekülen in viskosen Medien. II. Bestimmung der Translationsbewegung im System Methylenchlorid/Polystyrol aus kernmagnetischen Relaxations- und Viskositätsmessungen. Macromolecules, Washington **5** (1972) 1, S. 37–41.

Arcis, M. I., Čalych, A. E., Chalturinsky, N. A., Moiseev, Ju. V., Zaikov, G. E. (Schreibw. i. Orig.: *Artsis, M. I., Chalykh, A. E., Khalturinskii, N. A., Moiseev, Yu. V.*): Diffusion von organischen Verdünnungsmitteln in Äthylcellulose. European Polymer J. **8** (1972) 4, S. 613–626.

Borchard, W.: Kritische Opaleszenz in Lösungen von Polystyrol und Cyclohexan. Ber. Bunsenges. physik. Chemie **76** (1972) 3/4, S. 224–227.

Simionescu, Cr., Butnaru, R., Rozmarin, Gh.: Untersuchungsmethoden auf dem Gebiet der Cellulosephysik. II. IR-Spektroskopie und Mikrokalorimetrie. Celuloză și Hirtie, București (Cellulose u. Papier) **21** (1972) 4, S. 219–225.

Emec, L. V., Šelkunov, N. G., Klimenko, I. B., Meos, A. I., Maksimov, A. M., Koteckij, V. V., Vol'f, L. A.: IR-Untersuchung von mit organischen Kationen ionisch gebundenen carboxylgruppenhaltigen Faserstoffen. Ž. prikl. Chimii (Z. angew. Chemie) **45** (1972) 4, S. 921–923.

Kissin, Ju. V., Cvetkova, V. I., Čirkov, N. M., (Schreibw. i. Orig.: *Kissin, Yu. V., Tsvetkova, V. I., Chirkov, N. M.*): Die Stereoregularität von Polypropylen aus IR- und KMR-Daten. European Polymer J. **8** (1972) 4, S. 529–546.

Kratochvil, P., Straková, D.: Beitrag zur Lichtstreuung von verdünnten Polyvinylchloridlösungen in einem binären Theta-Lösungsmittel. Tetrahydrofuran/Wasser. Makromol. Chemie **154** (1972) S. 325–328.

Montgomery, D. E., Tregonning, K., Blakey, P. P.: Modifikationen zur Morphologie von Poly-m-phenylenadamantan-1,3-di-carboamid-Faserstoffen. Polymer, London **13** (1972) 1, S. 43–44.

Roe, R.-J.: Röntgenbeugungsuntersuchung von möglicher Schwarmbildung im Caesiumsalz eines Äthylen/Acrylsäure-Copolymeren. J. physic. Chem. **76** (1972) 9, S. 1311–1317.

Tonelli, A. E.: Konformationseigenschaften und Flexibilität von verzweigten Polyäthylenen. J. amer. chem. Soc. **94** (1972) 9, S. 2972–2979.

Kazarjan, L. G., Lur'e, E. G., Učastkina, É. L., Frenkel', M. D., Tanunina, P. M., Emel'janova, L. N., Dobrochotova, M. L.: Strukturelle und mechanische Besonderheiten des Verhaltens von Polyimidfolien auf der Basis von 3,3', 4,4'-Tetracarboxydiphenyloxid und 4,4'-Diaminodiphenyloxid beim Zug. Vysokomol. Soed. (Hochmol. Verbind.) Serie A **14** (1972) 5, S. 1087–1092.

Colvin, R. J.: Arten der Synthese und Orientierung der Cellulosemikrofibrillen in pflanzlichen Zellwänden. J. Polymer Sci., C: Polymer Symposia (1971) 36, S. 407.

Gardner, K. H., Blackwell, J.: Substruktur von kristalliner Cellulose und Chitinmikrofibrillen. J. Polymer Sci., C: Polymer Symposia (1971) 36, S. 327–340.

Credali, L., Chiolle, A., Parrini, P.: Neue anionische Membranen mit völlig aliphatischer Struktur aus Polymeren von ungesättigten tertiären Aminen. I. Herstellung und Eigenschaften. Makromol. Chemie **154** (1972) S. 201 bis 214. (engl.).

Nelson, R., Oliver, D. W.: Untersuchung der Cellulosestruktur und ihrer Beziehung zur Reaktionsfähigkeit. J. Polymer Sci., C: Polymer Symposia (1971) 36, S. 305–320.

Kagan, D. F., Knebel'man, A. M., Kantor, L. A.: Untersuchung des Einflusses der übermolekularen Struktur auf die Dauerfestigkeit von Polyäthylen hoher Dichte. Vysokomol. Soed. (Hochmol. Verbind.) Serie A **14** (1972) 5, S. 1207–1214.

Daniewska, I., Makaruk, L., Porejko, St.: Einfluß der Oberflächenspannung auf die Kristallisation von Polyamid 6.3. Polimery, Warszawa **17** (1972) 2, S. 88–91.

Osaki, K., Mitsuda, Y., Johnson, R. M., Schrag, J. L., Ferry, J. D.: Viskoelastische Eigenschaften von linearen und sternförmigen Polybutadienen bei unendlicher Verdünnung. Macromolecules, Washington **5** (1972) 1, S. 17–19.

Johnson, R. M., Mark, J. E.: Eigenschaften von in Losung hergestellten, vernetzten Polydimethylsiloxanen und ihre Verwendung zur Auswertung der Viskoelastizitätstheorien. Macromolecules, Washington **5** (1972) 1, S. 41–45.

Berger, R.: „Wandhaftung" beim viskosen Fließen von Polymerschmelzen, insbesondere durch Kapillaren – Eine Literaturstudie. Plaste u. Kautschuk **19** (1972) 2, S. 113–118.

Ferguson, J., Hourston, D. J., Meredith, R., Patsavoudis, D.: Mechanische Relaxationsvorgänge in einer Reihe von Polyurethanen mit unterschiedlichem Verhältnis der starren und beweglichen Segmente. European Polymer J. 8 (1972) 3, S. 369–383.

Slonimskij, G. L., Askadskij, A. A., Kazanceva, V. V.: Über den spröden und den nichtspröden Bruch von Polymerkörpern. Vysokomol. Soed. (Hochmol. Verbind.) Serie A **14** (1972) 5, S. 1149–1155.

Černov, I. G., Šaraj, T. A., Michajlov, N. V.: Einfluß kinetischer Parameter auf das Dispergieren von Polymeren mit steifen Ketten und Eigenschaften wäßriger Kolloidsysteme. Kolloid. Ž., Moskva **34** (1972) 3, S. 426–431.

Kambour, R. P.: Einige ungelöste Probleme beim Bruch von Polymeren unter Belastung. IEC. Ind. engng. Chem./Product R & D **11** (1972) 2, S. 140 bis 145.

Roe, J. M., Baer, E.: Tieftemperaturrelaxationen bei zähen amorphen Polymeren. Internat. J. polymeric Materials **1** (1972) 2, S. 111–124.

Horta, A.: Reibungsverhalten des „Correlated Chain"-Modells. Makromol. Chemie **154** (1972) S. 63–69.

Ishinabe, T., Shinoda, K., Sugao, H., Ishikawa, K.: Wärmeschrumpfen von gerecktem Polyäthylenterephthalatfilm. Kobunshi Kagaku, Tokyo (Chem. High Polymers) **29** (1972) 321 (1), S. 56–59 (jap., engl. Zusammenfass.).

Dragowska, E., Grzelak, D., Kosinska, W.: Einfluß einiger Stabilisatoren auf die thermische Beständigkeit von Poly-2,6-dimethylphenylenoxid. Polimery, Warszawa **17** (1972) 3, S. 131–135.

Nawakowska, M., Helper, I., Wietrzyńska-Lalek, Z.: Polyäthylen mit erhöhter Wärmefestigkeit. Polimery, Warszawa **17** (1972) 3, S. 127–129.

Harland, W. G., Khadr, M. M., Peters, R. H.: Hochdichtes Polyäthylen: Thermische Vergangenheit und Schmelzeigenschaften. Polymer, London **13** (1972) 1, S. 13–19.

Osawa, Z., Sorimachi, M., Tsuchiya, M., Ogiwara, Y.: Thermooxydativer Abbau von Äthylen/Vinylacetat-Copolymeren. Kobunshi Kagaku, Tokyo (Chem. High Polymers) **29** (1971) 321 (1). S. 10–14. (jap.; engl. Zusammenfass.).

Čečik, A. I., Elin, I. O., Lur'e, E. G., Pal'mina, I. V., Frenkel', M. D.: Physikalisch-mechanische Eigenschaften eines neuen aromatischen Polyamids. Plast. Massy, Moskva (Plast. Massen) (1972) 5, S. 40–42.

Melia, T. P., Salpadoru, N., Wilkinson, J.: Der Einfluß ionisierender Strahlung auf die thermischen Eigenschaften eines Äthylen/Propylen-Copolymeren. Makromol. Chemie 154 (1972) S. 241–245.

Ogawa, T., Tanaka, Sh., Hoshino, S.: Eichkurve von Polypropylen für die Gelpermeationschromatographie. Kobunshi Kagaku, Tokyo (Chem. High Polymers) **29** (1972) 321 (1), S. 6–9. (jap.; engl. Zusammenfass.).

Summers, W. R., Tewari, Y. B., Schreiber, H. P.: Messung der thermodynamischen Wechselwirkung in Polydimethylsiloxan/Kohlenwasserstoff-Systemen mittels Gas/Flüssigkeits-Chromatographie. Macromolecules, Washington **5** (1972) 1, S. 12–16.

Klug, E. D.: Einige Eigenschaften von wasserlöslichen Hydroxyalkylcellulosen und ihren Derivaten. J. Polymer Sci., C: Polymer Symposia (1971) 36, S. 491–508.

Polovnikova, M. V., Monakov, Ju. B., Geller, A. A., Geller, B. È.: Untersuchung der Verträglichkeit von Celluloseacetat und Polyäthylenoxid. Kolloid. Ž., Moskva **34** (1972) 3, S. 391–395.

Mandels, M., Kostick, J., Parizek, R.: Einsatz von adsorbierter Cellulose bei der kontinuierlichen Umwandlung von Cellulose in Glucose. J. Polymer Sci., C: Polymer Symposia (1971) 36, S. 445–459.

Cicchetti, O., Gratani, F.: Der Einfluß von Titanverbindungen auf die Photooxydation von 2,4,6,8-Tetramethylnonan (flüssiges Modell für Polypropylen). European Polymer J. 8 (1972) 4, S. 561–573.

Spore, R., L. Bethea, R. M.: Meßmethoden für den oxydativen Abbau von Polyäthylen. IEC. Ind. engng. Chem./Product R & D **11** (1972) 1, S. 36 bis 45.

Michajlov, A. I., Kuzina, S. I., Lukovnikov, A. F., Gol'danskij, V. I.: Kinetischer Stoppeffekt bei Tieftemperaturoxydation von Makroradikalen im Polystyrol. Dokl. Akad. Nauk SSSR (Ber. Akad. Wiss. UdSSR) **204** (1972) 2, S. 383–386.

Vettegren, V. I., Korsukov, V. J. E., Novak, I. I., (Schreibw. i. Orig.: *Wettergren, W. I., Korsukow, W. J. E., Nowak, I. I.*): Untersuchungen zur Kinetik von physikalisch-chemischen Prozessen beim mechanischen Abbau von Polymeren. Plaste u. Kautschuk **39** (1972) 2, S. 86–88.

Kohler, A., Zilliox, J. G., Rempp, P., Polacek, J., Koessler, I.: Untersuchungen über die Fraktionierung und die Polydispersität von anionisch hergestellten, sternförmigen Polystyrolen. European Polymer J. **8** (1972) 4, S. 627–639.

Abaturova, N. A., Vlodavec, I. N., Rebinder, P. A.: Besonderheiten der Abscheidung neuer disperser Phasen aus metastabilen Lösungen von Acetylcellulose in Äthyläther mittels Diäthylenglykol. Kolloid. Ž., Moskva **34** (1972) 3, S. 315–320.

Physik und Chemie der Monomeren und Oligomeren

Bailey, J., Walker, S. M.: Bildung von Wasserstoffbrücken in Lösungen von N-Äthylurethan. European Polymer J. **8** (1972) 3, S. 339–350.

Bikkulov, A. Z., Asmanijarov, F. K., Chlestkin, R. N., Sakirov, L. G.: Untersuchung der thermischen, katalytischen Umlagerung von Benzolcarbonsäure-Kaliumsalzen zu Dikaliumterephthalat. Ž. prikl. Chimii (Z. angew. Chemie) **45** (1972) 4, S. 911–913.

Andrianov, K. A., Nogajdeli, A. I., Achobadze, D. Š., Čhananašvili, L. M., Tkešelašvili, R. S.: Umsetzung von Alkyl(aryl)chlorsilanen und α,ω-Dichlorsiloxanen mit ε-Caprolactam und α-Pyrrolidon. Izv. Akad. Nauk SSSR, Serija chim. (Nachr. Akad. Wiss. UdSSR, Chemie) (1972) 5, S. 1150 bis 1152.

Zafranskij, Ju. N., Žukova, K. E., Semenova, A. N., Čunin, V. S., Lenskaja, G. V.: Untersuchung der Umsetzungskinetik von Acrylnitril mit Wasser in Abhängigkeit von Temperatur und pH des Mediums. Ž. prikl. Chimii (Z. angew. Chemie) **45** (1972) 4, S. 918–921.

Tagawa, H., Wada, E., Sakurai, T.: Kristallstruktur von Oligourethan. III. Kristallstruktur des dimeren Acetoxy(pentamethylenurethans). Makromol. Chemie **154** (1972) S. 215–225. (engl.),

Młynarczyk, M., Janke, M.: Oligomere als ein Faktor, der die Eigenschaften und die Verarbeitung von Polyesterseiden beeinflußt. Przegl. włókienn. (Textil-Rdsch.) **26** (1972) 2, S. 102–105.

Polymerisation

Wöhrle, D., Kossmehl, G., Manecke, G.: Synthese, Thermostabilität und elektrische Eigenschaften von tiefgefärbten Polymeren mit annelierten phthalocyaninartigen Systemen. Makromol. Chemie **154** (1972) S. 111 bis 120.

Wegner, G.: Typochemische Polymerisation von Monomeren mit konjugierten Dreifachbindungen. Makromol. Chemie **154** (1972) S. 35–48. (engl.).

Popov, V. A., Gladysev, G. P.: Regulierung der heterogenen radikalischen Polymerisation durch eine mäßige Inhibierung des Polymerisationsvorganges. Plast. Massy, Moskva (Plast. Massen) (1972) 5, S. 10–12.

Hovenkamp, S. G.: Kinetische Aspekte katalysierter Reaktionen bei der Bildung von Polyäthylenterephthalat. J. Polymer Sci., A-1: Polymer Chem. **9** (1971) 12, S. 3617–3625.

Wielgosz, Z., Porejko, St.: Synthese und Eigenschaften von Polycarbonaten auf der Basis von chlorhaltigen Bisphenolen. III. Untersuchung der Eigenschaften von Polycarbonaten. Polimery, Warszawa **17** (1972) 2, S. 76–82.

Kravcov, V. S., Min'kov, V. A., Pychtina, E. V.: Polykondensationskinetik und -mechanismus von N,N,N'N'-Tetramethylxylylendiaminen mit Dicarbonsäureestern in der Schmelze. Vysokomol. Soed. (Hochmol. Verbind.) Serie A **14** (1972) 5, S. 1053–1056.

Šebenda, J., Kouřil, V.: Anionische Polymerisation von Caprolactam. XL. Bestimmung des Gehaltes an aktiver Base aus der Polymerisationsgeschwindigkeit und aus der Zunahme der Anzahl der Polymermoleküle bei der aktivierten Polymerisation. European Polymer J. **8** (1972) 3, S. 437 bis 447.

Saegusa, T., Ikeda, H., Fujii, H.: Kristallines Polyäthylenimin. Macromolecules, Washington **5** (1972) 1, S. 108.

Omori, A., Omura, Y., Sakaguchi, Y.: Herstellung von verschiedenen polymeren Alkoholen. Kobunshi Kagaku, Tokyo (Chem. High Polymers) **29** (1972) 321 (1), S. 20–24. (jap.; engl. Zusammenfass.).

Sakaguchi, Y., Omori, A., Omura, Y.: Herstellung von Polyvinylalkohol vom Kopf/Kopf-Typ durch Epoxydation von Polybutadien. Kobunshi Kagaku, Tokyo (Chem. High Polymers) **29** (1972) 321 (1), S. 15–19. (jap.; engl. Zusammenfass.),

Noma, K., Niwa, M.: Radikalische Copolymersation von n-Butylvinyläther. Kobunshi Kagaku, Tokyo (Chem. High Polymers) **29** (1972) 321 (1), S. 52 bis 55. (jap.; engl. Zusammenfass.).

Suzuki, Y., Saito, M.: Polymerisation von Vinylchlorid in Gegenwart des katalytischen Systems ($Ti(O\text{-}n\text{-}Bu)_4/Al(C_2H_5)_3$/Epichlorhydrin. J. Polymer Sci., A-1: Polymer Chem. **9** (1971) 12, S. 3639–3646.

Shima, K., Kakui, Y., Kinoshita, M., Lmoto, M.: Vinylpolymerisation. 277. Polymerisation von Vinylpyridinen in Gegenwart von Polymaleinsäureanhydrid. Makromol. Chemie **354** (1972) S. 247–253. (engl.).

Dall'Asta, G.: Untersuchungen über den Mechanismus der ringöffnenden Polymerisation von Cycloolefinen mit besonderem Bezug auf Cycloolefincopolymerisationen. Makromol. Chemie **154** (1972) S. 1–19. (engl.).

Smirnova, A. M., Zubov, P. I., Uvarov, A. V., Rajkova, T. V., Kudrjavceva, N. M.: Untersuchung der Pfropfcopolymerisation von Acrylnitril in Lösungen von Polyvinylalkohol. Vysokomol. Soed. (Hochmol. Verbind.) Serie A **14** (1972) 5, S. 1169–1173.

Kuran, W., Pasynkiewicz, St., Florjańczyk, Z.: Durch Metallhalogenide und metallorganische Halogenide katalysierte Copolymerisation und Cyclocodimerisation von Acrylnitril und Butadien. Makromol. Chemie **154** (1972) S. 71–79. (engl.).

Niezette, J., Desreux, V.: Durch ^{60}Co-γ-Strahlung initiierte Copolymerisation von Styrol mit Vinylacetat. J. Polymer Sci., A-1: Polymer Chem. **9** (1971) 12, S. 3595–3606.

Phillips, D. C., Davies, D. H., Smith, J. D.: Copolymerisation von Styrol und Diäthylfumarat mit Zinkbromid. Teil I. Elektroinitiierung. Teil II. Photoinitiierung. Makromol. Chemie **154** (1972) S. 317–319, 321–324. (engl.).

Hollahan, J. R.: Polymerisation von Benzol im Edelgasplasma bei −196°C. Makromol. Chemie **154** (1972) S. 303–308. (engl.).

Manecke, G., Rühl, Ch.-St. Wehr, G.: Polyhydrochinonsulfone. VI. Darstellung eines Redoxharzes auf der Basis von (2-Vinylsulfonyl)-napthohydrochinon-(1.4). Makromol. Chemie **154** (1972) S. 121–128.

Saegusa, T., Shiota, T., Matsumoto, Shu-ichi; Fujii, H.: Kinetische Untersuchung der ringöffnenden Polymerisation von Oxepan. Macromolecules, Washington **5** (1972) 1, S. 34–36.

Tolpygina, T. A., Galibej, V. I., Ivančev, S. S.: Mehrstufige radikalische Polymerisation und Blockcopolymerisation unter Einwirkung von Di- und Triperoxidverbindungen. Vysokomol. Soed. (Hochmol. Verbind.) Serie A **14** (1972) 5, S. 1027–1035.

II. Faserstoffe. Ausgangsstoffe usw.

Popchristov, I., Kostov, V.: Qualitätsveränderungen von adhäsiv gebundenen Faserstoffen in Abhängigkeit von der Art und dem Verhältnis der Strukturelemente. Tekstil. Prom., Sofija (Textil-Ind.) **21** (1972) 3, S. 150–152.

Popchristov, I., Kostov, V.: Einfluß des technologischen Verfahrens auf die Eigenschaften der adhäsiv gebundenen Faserstoffe. Tekstil. Prom., Sofija (Textil-Ind.) **10** (1972) 4, S. 199–201.

Naturfaserstoffe

Pflanzliche Faserstoffe

Manyś, St., Kasprzak, A., Manyś, B., Uranowicz, K.: Erweiterung des Flachsfasereinsatzes. Przegl. włókienn. (Textil-Rdsch.) **26** (1972) 2, S. 64 bis 68.

Coneva, A., Botev, D.: Der Anteil an Beimengungen – ein Qualitätsmerkmal von Flachsfasern. Tekstil. Prom., Sofija (Textil-Ind.) **23** (1972) 3, S. 142 bis 145.

Roberts, E. J., Bose, J. L., Rowland, S. P.: Beweis für zwei Arten zugänglicher Oberflächen in Baumwollfasern. Textile Res. J. **42** (1972) 4, S. 217–221.

Tierische Faserstoffe

Volčenok, V. I, Doktorov, E. G.: Experimentelle Untersuchung des Preßprozesses von ungewaschener Wolle. Izv. vysšich. uč. Zav. Technol. tekstil. Prom. (Hochschulnachr. Technol. Textil-Ind.) (1972) 1, S. 21–23.

Asquith, R. S., Booth, A. K., Cockett, K. R. F., Rattee, I. D., Stevens, C. B.: Die Ursachen anormaler Ergebnisse bei Quellungsmessungen an Wolle. J. Soc. Dyers Colourists **88** (1972) 2, S. 62–63.

Bradbury, J. H., Peters, D. E.: Methode zur vollständigen Entfernung der Kutikula von Wollfasern. Textile Res. J. **42** (1972) 4, S. 248–249.

Newman, W.: Die Sorption von Tryptophan auf menschlichem Haar. Textile Res. J. **42** (1972) 4, S. 214–216.

Algie, J. E.: Die Natur des vom Protein Keratin absorbierten Wassers. J. Textile Inst. **62** (1971) 12, S. 696–699.

Chemiefaserstoffe

Ziabicki, A.: Spinnbarkeit von Flüssigkeiten und Spinnkonstanz bei technischen Spinnvorgängen. Teil I. Theorie und experimentelle Angaben. Teil II. Polimery, Warszawa **17** (1972) 2, S. 65–69. 3. S. 124–127.

Duffy, J.: Faser-Brennpunkt. Hosiery Trade J. **79** (1972) 940, S. 158–160.

Herlinger, H.: Hochtemperaturbeständige Fasermaterialien aus organischen Grundstoffen. Textil-Praxis internat. **27** (1972) 4, S. 243–246.

Michajlov, N. V., Saraj, T. A., Belousov, Ju. Ja., Litovčenko, G. D., Mil'kova, L. P.: Über die Verträglichkeit der übermolekularen Strukturen von Polymeren und kolloidalen Dispersionen in Chemiefaserstoffen. Dokl. Akad. Nauk SSSR (Ber. Akad. Wiss. UdSSR) **204** (1972) 4, S. 920–923.

Cellulose und Zellstoff

Fengel, D.: Die Verteilung wäßriger Lösungen im Holz. J. Polymer Sci., C: Polymer Symposia (1971) 36, S. 141–152.

Nowakowski, J., Baczyńska, K.: Vergleich der Herstellung von Viskosezellstoff durch Holzaufschluß mit Sulfitkochsäuren unter Verwendung verschiedener Basen. Przegl. papierniczy **28** (1972) 4 (339), S. 109–114.

Jayme, G., Chehata, A.: Änderung der Feinstruktur von Zellstoffen während der Bleiche. Einfluß der Chlorierung und der alkalischen Extraktion. Papier **26** (1972) 5, S. 218–223.

Smelstorius, J. A.: Oxydation der primären Hydroxylgruppe in gereinigter Baumwollcellulose durch angesäuerte Natriumchloritlösung. Holzforsch. **26** (1972) 3, S. 92–96. (engl.).

Synthetische Faserstoffe

Jakob, F.: Polyesterfasern der zweiten Generation. Chemiefasern/Textilind. **22/74** (1972) 5, S. 388, 390–396.

Hoechst kündigt Moderichtungen, neue Fäden, Mischungen und Märkte für Wirkereien und Strickereien für die 1973er Sortimente an. Hosiery Trade J. **79** (1972) 940, S. 99–102.

van Bruggen, G. F.: Qiana: Die Geschichte einer Faser. Textile Inst. Ind. **10** (1972) 4, S. 113–114.

Thorp, J. M.: Untersuchung der Reibung und des Bruchverhaltens während des Reckens von Bändern aus feiner Polyamidseide. J. Textile Inst. **62** (1971) 12, S. 686–695.

Badrian, W. H. J., Choufoer, J. H. L.: Polypropylenfaserstoffe aus mechanisch fibrillierten Filmen. Textilia, Milano **48** (1972) 2, S. 33–40.

Künstliche mineralische Faserstoffe

Ninck Blok C. J. J., Jongetjes, H.: Neue E-Glasfaservliese für die GFK-Industrie. Kunststoff-Rdsch. **39** (1972) 5, S. 233–239.

Ausgangsstoffe. Schaumstoffe. Kautschuk

Casiraghi, R.: Neue Kunstledertypen. Textilia, Milano **48** (1972) 2, S. 53 bis 56.

Wolpert, V. M.: Technisch-ökonomische und Absatzaussichten für synthetisches Papier in den Siebziger Jahren. Paperi ja Puu, Helsinki (Papier u. Holz) **54** (1972) 4, S. 273–276.

Thermoplastische Formmassen. VDI-Nachr. **26** (1972) 24, S. 6.

Smirnova, N. I., Morozova, N. V., Ponomareva, V. A., Konovalov, P. G.: Polyamidfolie mit Stabilisator und Strukturbildner. Plast. Massy, Moskva (Plast. Massen) (1972) 5, S. 44–45.

III. Fäden-Herstellungstechnologien

Spinnerei. Zwirnerei

Červendinev, A., Koen, I.: Wirtschaftlichkeit einiger moderner Systeme der Baumwollspinnerei. Tekstil. Prom., Sofija (Textil-Ind.) **10** (1972) 4, S. 185 bis 187.

Trykov, Ju. P., Chudych, M. I., Kamšilina, L. S.: Einfluß der Oberflächenrauhheit der Druckwalzengummibezüge von Baumwollspinnmaschinen auf die Fadenbruchhäufigkeit. Izv. vysšich. uč. Zav. Technol. tekstil Prom. (Hochschulnachr. Technol. Textil-Ind.) (1972) 1, S. 49–51.

Maschinen für die Baumwollspinnerei. I. Tex. Doetinchem/Nd. **31** (1972) 2, S. 16–22.

Spinnereivorbereitung

Poljakov, A. K.: Zum Problem der Temperaturfeldgleichmäßigkeit der Flüssigkeit im Röstbehälter. Izv. vysšich uč. Zav. Technol. tekstil. Prom. (Hochschulnachr. Technol. Textil-Ind.) (1972) 1, S. 35–37.

Kopjatin, V. A., Karasev, G. I.: Einlegen des Bandes in einen Topf mit umkehrbarer Drehung. Izv. vysšich uč. Zav. Technol. tekstil. Prom. (Hochschulnachr. Technol. Textil-Ind.) (1972) 1, S. 42–45.

Münzner, G., Pursch, H.-J., Krieger,, J.: Praktische Erfahrungen bei der Modernisierung von Ringspinnmaschinen. Dt. Textiltechnik **22** (1972) 5, S. 280–283.

Pozson, F., Klifer, H.: Schnellmethode zur Berechnung von Kammzugmischungen. Ind. textilă, București **23** (1972) 4, S. 209–213.

Spinnerei

Devereux, B.: Eine Entwicklung im Offen-End-Spinnen. Textile Inst. Ind. **10** (1972) 4, S. 110–112.

Turbinenmaschine für das Offen-End-Spinnen. Textilia, Milano **48** (1972) 2, S. 81–84.

Graham, J. S., Bragg, Ch. K.: Streckkraft-Messung als eine Hilfe für die Baumwollspinnerei. Textile Res. J. **42** (1972) 3, S. 175–181.

Zwirnerei

Iyer, C.: Zwirnerei. Textil-Praxis internat. **27** (1972) 4, S. 216–217.

Erzeugnisse der Spinnerei und Zwirnerei

Piller, B.: Einsatz von Hochbauschgarnen aus modifizierten Polyesterfasern. Knitting Times **41** (1972) 8, S. 48–56.

Ein Fortschritt in der genauen Fadenmessung. Hosiery Trade J. **79** (1972) 940, S. 112.

Ochiai, M. T.: Anwendung von Polynosic-Faserstoffen zur Herstellung von Nähgarnen. Textilia. Milano **48** (1972) 4, S. 49–51.

Texturfäden

Strecktexturiermaschine – ein neuer Weg. Internat. Textil-Bull., Zürich. Weltausgabe Weberei (1972) 1, S. 33–34.

Malaguzzi, F., Sala, G. C.: Hochbausch-Acrylgarne. Textilia, Milano **48** (1972) 2, S. 13–19.

IV. Flächengebilde-Herstellungstechnologien

Zschunke, H.: Flächenbildung in der Zukunft. Dt. Textiltechnik **22** (1972) 6, S. 334–335.

Für unbrennbare Textilien wird Hochmodulgarn eingesetzt. Textile World **122** (1972) 4, S. 68, 73, 74.

Nikolov, A.: Für einen effektiveren Einsatz der Gewebe in den Konfektionsbetrieben. Tekstil. Prom., Sofija (Textil-Ind.) **21** (1972) 3, S. 129–131.

Materialvorbereitung

Ostfeld, M.: Produktivität und Rentabilität der automatischen Spulerei. Ind. textile, Paris (1972) 1011, S. 291–296.

Die HACOBA-Maschine, Modell HB, zum kontinuierlichen Abziehen von Fäden. Textilis, Gent **28** (1972) 4, S. 15–19. (franz.).

Tips für das Schären texturierter Garne. Kettenwirk-Praxis **6** (1972) 2, S. 19–20.

Weberei

Haslmeyer, J.: Endlosweben von Flachsieben und Glachgeweben. Eine neue Methode. Textil-Praxis internat. **27** (1972) 4, S. 206–208.

Pilisi, J.: Die nichtkonventionelle Weberei. Textilia, Milano **48** (1972) 4, S. 19–25.

Weberei-Technologie

Haase, H.: Weberei-Praxis. Neue Aera der Jaquardweberei. Internat. Textil-Bull. Zürich. Weltausgabe Weberei (1972) 1, S. 57–58, 63–64.

Kann der fronatle Schußeintrag auch in der Weberei durchgeführt werden? Ind. textile, Paris (1972) 1011, S. 326.

Szosland, J., Wroclawski, Z.: Vibrationsblattanschlag – ein neues, wirksames Schußanschlagverfahren. Dt. Textiltechnik **22** (1972) 5, S. 284–289.

Gekova, P., Saraivanov, S.: Steuerung des Webprozesses durch Methoden des mathematischen Modellierens. Tekstil. Prom., Sofija (Textil-Ind.) **21** (1972) 3, S. 115–118.

Pilisi, J.: Schützenlose Webmaschinen. Tex, Doetinchem/Nd. **31** (1972) 1, S. 26, 29–31; 2, S. 24–26.

Erzeugnisse der Weberei

Limanauskas, P. V.: Neues Gerät und Mehrphasenverfahren der zyklischen Gewebedehnung. Izv. vysšich uč. Zav. Technol. tekstil. Prom. (Hochschulnachr. Technol. Textil-Ind.) (1972) 1, S. 15–20.

Grivčev, I.: Verfahren zur gleichzeitigen Bestimmung des Drapiervermögens und der Biegefestigkeit von Geweben. Tekstil. Prom., Sofija (Textil-Ind.) **10** (1972) 4, S. 197–198.

Gindev, G.: Deformierungen in Geweben bei wiederholter mechanischer Beanspruchung. Tekstil. Prom., Sofija (Textil-Ind.) **21** (1972) 3, S. 136 bis 141.

Wirkerei und Strickerei. Konfektion. Sonstige Technologien

Paling, D. F.: Mittel und Wege für eine erfolgreiche Zukunft der Kettenwirkerei. Hosiery Trade J. **79** (1972) 940, S. 103–106.

Elen, A. I.: Untersuchung der Arbeit der Kontrolleure in den Trikotagenbetrieben. Izv. vysšich uč. Zav. Technol. legkoj Prom. (Hochschulnachr. Technol. Leichtind.) (1972) 2, S. 121–124.

Ursu, A.: Leitungstechnik: wie man die Strickereikosten ermittelt. Knitting Times **41** (1972) 5, S. 41–45.

Cooper, W. D.: Die Wirkerei-Revolution in den Vereinigten Staaten. Textile Inst. Ind. **10** (1972) 3, S. 80–81.

Preda, C., Brumari, A.: Untersuchungen über die Festigkeit von Nahtverbindungen. Ind. textila, Bucureşti **23** (1972) 4, S. 224–227.

Wirkerei- und Strickerei-Technologie

Haustraete, R.: Technologie heutiger Raschelmaschinen. VII. VIII. Tex, Doetinchem/Nd. **13** (1972) 1, S. 35–36, 39–44; 2, S. 31–33.

Reichman, Ch.: 1972 – das Übergangsjahr für die Trikotproduzenten? Knitting Times **43** (1972) 9, S. 24–26, 58, 59.

Wignall, H.: Probleme bei der Verarbeitung von Wolle auf Doppelstrickmaschinen. Knitting Times **40** (1971) 42, S. 38–39.

Übersicht über Doppelstrick-Meterwarenmaschinen. Knitting Times **41** (1972) 7, S. 53–65.

Erzeugnisse der Wirkerei und Strickerei

Reichman, Ch.: Doppelgestricke: Rückblick und Vorausschau. Knitting Times **41** (1972) 7, S. 49–52, 113.

Darlington, K. D.: Ein Vergleich zwischen Kettengewirke und Rundgestrick. Teil 1. Konstruktion. Knitting Times **41** (1972) 9, S. 32–35.

Frontczak, Z.: Dicke von Maschentextilien aus elastischen Garnen. Przegl. włókienn. (Textil-Rdsch.) **26** (1972) 2, S. 92–94.

Konfektion

Müller, E.: Optimale Kettelleistung durch gezielten Einsatz unterschiedlicher Kettelmaschinentypen und Verwendung verschiedener Zusatzgeräte. Wirk.- u. Strick.-Technik **27** (1972) 6, S. 418–422.

Arbeitsorganisatorische Untersuchung eines Kleidungsstückes. Textilis, Gent **28** (1972) 2, S. 39–46.

Textilverbundstoffe

West, K.: Verbundstoffe mittels Bikomponentenfaserstoff. Textilia, Milano **48** (1972) 4, S. 41–44.

Bagg, G. E. G., Dingle, L. E.: Orientierung von kurzen Fasern. Textilia, Milano **48** (1972) 2, S. 85–86.

Janitza, J.: Bildung und mechanische Verfestigung des Kardenbandes. Textilia, Milano **48** (1972) 3, S. 37–41.

Zeman, J.: Bindung von ungewebten Textilien durch Druckverfahren. Textil, Praha **27** (1972) 5, S. 155–156.

Gill, R. A., Drennen, T. J., Sweeney, E. J., Mlynar, L.: Einfluß der Variablen Faser, Zellstoff und Bindemittel auf die Kenndaten von nassen Vliesstoffen. Tappi, New York **55** (1972) 5, S. 761–768.

Faserverbundstoffe. Vliesstoffe

Damjanov, G., Christov, M., Jarlovski, Ch.: Tensometrisches Verfahren zur Untersuchung des Vernadelungsprozesses. Tekstil. Prom., Sofija (Textil-Ind.) **21** (1972) 3, S. 146–150.

Münzberg, H.: Untersuchungen an Nadelvliesmaschinen zur Erzielung optimaler Vernadelungseffekte. Dt. Textiltechnik **22** (1972) 5, S. 309–312.

Damjanov, G., Arojo, D., Popchristov, I., Michajlova, E.: Untersuchung von Nadelvliesstoffen mit einem Anteil an Hochschrumpffasern. Tekstil. Prom., Sofija (Textil-Ind.) **10** (1972) 4, S. 202–204.

Mürzberg, H.: Untersuchungen an Nadelvliesmaschinen zur Erzielung optimaler Vernadelungseffekte. Dt. Textiltechnik **22** (1972) 6, S. 366–374.

Schichtstoffe

Erbacher, H.: Art und Grad der Grundgewebebeschichtung durch den Nadelprozeß. Internat. Textil-Bull., Zürich. Weltausgabe Weberei (1972) 1, S. 67–68, 71.

V. Textilveredlung

Repertorium Textilveredlungsmaschinen. Chemiefasern/Textilind. **22/74** (1972) 5, S. 417–418, 420–422, 426–430, 433–436, 441–448.

Jurkevič, V. V., Berezina, O. Ja., Klejman, Ja. I., Saprykina, L. A.: Verbesserung der technologischen Eigenschaften der Kapron-Nähfäden durch Zufuhr von Metallsalzen. Izv. vysšich uč. Zav. Technol. legkoj Prom. (Hochschulnachr. Technol. Leichtind.) (1972) 2, S. 95–99.

Wawrzyniak, A. W., Gajdzicki, B.: Über die Möglichkeit einer Erhöhung des Reaktionsgrades der Monochlortriazin-Reaktivfarbstoffe mit den Hydroxylgruppen der Cellulose. Przegl. włókienn. (Textil-Rdsch.) **26** (1972) 3, S. 149–159.

Miller-Horak, P.: Färben und Ausrüsten von Wirk- und Strickstoffen. Wirk.- u. Strick.-Technik **27** (1972) 6, S. 387–388, 390.

Farbstoffe. Textilhilfsmittel

Jordinson, F., Lockwood, R.: Identifizierung von neueren Reaktivfarbstofftypen an Cellulosefaserstoffen. III. J. Soc. Dyers Colourists **88** (1972) 3, S. 117–122.

Giles, C. H., Shah, C. D., Johari, D. P., Sinclair, R. S.: Einfluß von Gasdiffusion im Substrat auf die Lichtechtheit von Farbstoffen. J. Soc. Dyers Colourists **88** (1972) 2, S. 59–62.

Balestrieri, G.: Neue Produkte zur Behandlung von Garnen. Textilia, Milano **48** (1972) 3, S. 93–94.

Produkte für die Flammschutzausrüstung von Textilien. Chemiefasern/Textilind. **22/74** (1972) 5, S. 375.

Bleicherei. Sonstige Vorbehandlungsarbeiten der Textilveredlung

Dickinson, K., Heathcote, D.: Bleichen von Cellulosegeweben mit Wasserstoffperoxid bei kleinen Lauge/Ware-Verhältnissen. J. Soc. Dyers Colourists **88** (1972) 4, S. 137–141.

Prodea, V.: Automatische Vorrichtungen zum Ausrichten quer und gekrümmt liegender Schußfäden. Ind. textilă, Bucureşti **23** (1972) 4, S. 214–223.

Bissitt, I. S.: Die Herstellung und die Eigenschaften einer Geweberolle beim Batsch-Dekatieren. J. Textile Inst. **63** (1972) 5, S. 263–280.

Färberei

Schonende HT-Färbung durch Swing-Jet. kettenwirk-praxis **6** (1972) 2, S. 67–68.

Bush, H. R.: Zusammenfassung der Space-Dyeing-Verfahren. Textile Ind. **136** (1972) 3, S. 79–82.

Adamski, Z., Szczeciński, J.: Über die Möglichkeit des Färbens von Polyacrylnitrilfaserstoffen mit anionischen Farbstoffen. Przegl. włókienn. (Textil-Rdsch.) **26** (1972) 2, S. 94–98.

Senner, P.: Färbereimaschinen. Textilia, Milano **48** (1972) 5, S. 59–66.

Brooks, J. H.: Die Egalität beim Färben von Wollgarnen und -geweben. J. Soc. Dyers Colourists **88** (1972) 5, S. 184–186.

Maciejewski, A.: Physikalisch-chemische Aspekte des Färbens von Cellulosefasern mit Reaktivfarbstoffen nach dem Extraktionsverfahren. Przegl. włókienn. (Textil-Rdsch.) **26** (1972) 3, S. 142–144.

Vinogradova, O. B., Mel'nikov, B. N.: Mathematische Analyse der Ergebnisse von experimentellen Untersuchungen des Färbeprozesses von Polyacrylnitrilfasern mit kationischen Farbstoffen. Izv. vysšich uč. Zav. Technol. tekstil. Prom. (Hochschulnachr. Technol. Textil-Ind.) (1972) 1, S. 80–84.

Kuznecova, G. V., Roskin, E. S.: Untersuchung der Möglichkeit des Färbens von Polyacrylnitrilfaserstoffen mit kationischen Farbstoffen in einem Medium organischer Lösungsmittel. Izv. vysšich uč. Zav. Technol. tekstil. Prom. (Hochschulnachr. Technol. Textil-Ind.) (1972) 1, S. 91–93.

Druckerei

Bechter, D.: Maschinen für den Textildruck. I. Tex, Doetinchem/Nd. **31** (1972) 2, S. 40–42; Textilis, Gent **28** (1972) 5, S. 9–11.

Frauenknecht, J., Schwer, D.: Neue Möglichkeit der Herstellung von Mehrfarbeneffekten bei Polyamidfaserstoffen. Textilia, Milano **48** (1972) 3, S. 42–50.

Meyer, G., Dietz, H.: Das Drucken mit kationischen Farbstoffen auf Polyacrylnitrilfasern. Textil-Praxis internat. **27** (1972) 5, S. 294–298.

Lebedeva, V. I., Moryganov, P. V., Panina, Z. N., Osminin, E. A.: Wege zur Verbesserung des koloristischen Effekts beim Bedrucken von Viskose-Spinnfasergeweben mit Küpenfarbstoffen. Izv. vysšich uč. Zav. Technol. tekstil. Prom. (Hochschulnachr. Technol. Textil-Ind.) (1972) 1, S. 88–91.

Verzeichnis des Amer. Dyestuff Rep. über Druckmaschinen. Amer. Dyestuff Rep. **61** (1972) 2, S. 17–20.

Ausrüstung. Trocknung

Steinberg, I.: Kontinuierliche Fertigungsstraßen in der Naßappretur. Ind. textilă, Bucureşti **23** (1972) 5, S. 292–295.

Hamalainen, C., Mard, H. St., Cooper, A. S.: Vergleich von Anwendungsverfahren für die Ablagerung von Kunstharzen auf Baumwollfasern. Amer. Dyestuff Rep. **61** (1972) 2, S. 30, 32, 34, 36, 38.

Fujimoto, F., Yamashita, M.: Thermobehandlung von Polyamid-6-Faser mit Heißdampf bei Luftdruck. Teil 1. Behandlung der Faser in spannungsfreiem Zustand. J. Textile Mach. Soc. Japan **17** (1971) **4**, S. 124 bis 129.

Jones, F. W., Leeber, J., Wemyss, A. M.: Das Knitterverhalten von Wollstoffen. Der Einfluß des Temperns und der Vernetzung. J. Textile Inst. **63** (1972) 3, S. 135–141.

Jones, F. W.: Permanent-Press-Effekte in Wolle. Teil XII. Der Mechanismus für das Stabilisieren einer Fixierung durch verlängertes Dämpfen, die gegenüber Maschinenwäsche beständig ist. J. Textile Inst. **63** (1972) 3, S. 142–149.

Moreau, J. P., Beninate, J. V., Drake, G. L., Reeves, W. A.: Erteilung von Entflammbarkeitsverzögerung an Baumwollmaschentextilien. Amer. Dyestuff Rep. **61** (1972) 1, S. 29, 31–32, 34, 36.

Benisek, L.: Neue Gesichtspunkte zum Brandschutz bei Einsatz von Wolle. Textile Manuf. **99** (1972) 1164, S. 36–39.

Tesoro, G. C., Rivlin, J., Moore, D. R.: Feuerhemmende Ausrüstung von Polyester/Cellulose-Mischungen. IEC. Ind. engng. Chem./Product R & D **11** (1972) 2, S. 164–169.

Heczko, J.: Filzneigung der Wolle und Antifilzausrüstung. Przegl. włókienn. (Textil-Rdsch.) **26** (1972) 2, S. 99–101.

Kasem, M. A., Richards, H. R.: Feuerhemmende Mittel für Gewebe. IEC. Ind. engng. Chem./Product R & D **11** (1972) 2, S. 114–133.

Krasovskaja, S. B., Virnik, A. D., Dremova, V. P., Rogovin, Z. A.: Herstellung von Faserstoffen, die repellente Aktivität besitzen. Izv. vysšich uč. Zav. Technol. tekstil. Prom. (Hochschulnachr. Technol. Textil-Ind.) (1972) 1, S. 84–88.

Harris, R. L. N., Huppatz, J. L., Hoskinson, R. M., Russell, I. M.: Hemmung der Nahrungsaufnahme von Kleidermotten mit Schwefelharnstoffen. J. Textile Inst. **62** (1971) 12, S. 700–702.

Wäscherei. Chemische Reinigung

Viertel, O.: Entwicklung von Waschmitteln, Wäschereimaschinen und waschbaren Textilien im Jahre 1971. Reiniger + Wäscher **25** (1972) 5, S. 82, 86, 88–90.

Heinrichs, K.: Rationalisierung in der Flachwäsche-Abteilung. Reiniger + Wäscher **25** (1972) 4, S. 21–23.

Bösenberg, H.: Desinfektionswaschverfahren in Strömungswaschmaschinen. Reiniger + Wäscher **25** (1972) 5, S. 48–49.

Kaesler, K. P.: Der CRW-Markt: Trends-Meinungen-Novitäten. 1. Die Vorhangstoffreinigung und die Pelz- und Lederreinigung. Chemischreiniger/Wäscher/Färber-Ztg. **71** (1972) 5, S. 196, 198.

Knollmann, E.: Aktuelle Schadensfälle in der Chemischreinigung. Reiniger + Wäscher **25** (1972) 5, S. 95–98.

Pinnington, N. B.: Die weltweite Entwicklung von synthetischen Waschmittelzwischenprodukten im nächsten Jahrzehnt. Tenside, München **8** (1971) 1, S. 43–24. (engl.).

Benedetti, L., Gafà, S.: Die Rolle der petrochemischen Industrie bei der Herstellung von Zwischenprodukten für Waschmittel und mögliche Entwicklungen auf diesem Gebiet. Tenside, München **8** (1971) 2, S. 73–78. (engl.).

Berth, P., Fischer, W. K.: Waschmittelphosphate und mögliche Austauschstoffe in Beziehung zum Eutrophierungsproblem. Tenside, München **8** (1971) 1, S. 1–9.

Heussner, F.: Moderne Organisationsformen der Textilpflege. Dt. Textiltechnik **22** (1972) 5, S. 294–298.

Heußner, F.: Einwohnerzahl und Bevölkerungsdichte als bedarfsbeeinflussende Faktoren. Textilreinigung **19** (1972) 5, S. 129–132.

VI. Werkstoffprüfung. Meß- und Prüftechnik. Standardisierung

Bulovene, N. K., Indrjunas, Ju. P.: Beurteilung der Dauerbiegefestigkeit von Textilfasern nach dem Verteilungsgesetz von *Weibull*. Izv. vysšich uč. Zav. Technol. tekstil. Prom. (Hochschulnachr. Technol. Textil-Ind.) (1972) 1, S. 30–34.

Einschätzungs-, Einstufungsstandards für Maschentextilien. Textile Ind. **136** (1972) 3, S. 67–72.

Eigenschaften und Fehler der Textilmaterialien u. a.

Nossar, M. S., Chaikin, M., Datyner, A.: Der Einfluß von Tensiden auf die Zurückhaltung von Feuchte und Schwefelsäure durch Wolle. J. Textile Inst. **62** (1971) 12, S. 677–685.

Lyons, D. W., Olson, E. S.: Einfluß der Trocknungs- und Hitze-Fixierungs-Temperaturen auf die Charakteristik der Entfernung von Polyvinylalkohol-Appretur. Textile Res. J. **42** (1972) 4, S. 199–202.

Banerjee, B. L., Bhattacharyya, B. N.: Der Einfluß einiger Jutebündel-Qualitäten auf die Messungen mit dem IJIRA-Faserparallelisierungstester. J. Textile Inst. **63** (1972) 5, S. 288–295.

Berg, C. A., Salama, M.: Ermüdung von vorgekerbten Graphitfaser-Kompositionen unter Druck. Textile Res. J. **42** (1972) 4, S. 222–238.

Rösch, M.: Die Entfernung der Spulöle. Textil-Praxis internat. **27** (1972) 4, S. 233–237.

Subramanion, R. V. R., Talele, T. V.: Lichtabbau von Polyamid 6. Textile Res. J. **42** (1972) 4, S. 207–214.

Byrne, G. A.: Naßanschmutzungsverhalten von Textilien. J. Soc. Dyers Colourists **88** (1972) 2, S. 64–68.

Dyer, J., Phifer, L. H.: Anwendung der Gelchromatographie auf Untersuchungen des Viskoseprozesses. III. Wirkung verschiedener Behandlungen von bedruckten Viskosefasergeweben auf die Verteilung der relativen Molekülmassen der Cellulose. J. Polymer Sci., C: Polymer Symposia (1971) 36, S. 103–119.

Körtje, W.: Sind Teppichrückenbeschichtungen entflammbar? PVC-Treibschaum bringt Vorteile für Produktion und Feuersicherheit. Textilbetrieb **90** (1972) 5, S. 38–40.

Barella, A.: Die Haarigkeitsbeschaffenheit der Offen-End-Fäden. Invest. Inform, textil. Tensioactivos, Barcelona **15** (1972) 1, S. 1–8.

Godula, D.: Haarigkeit von auf ringlosen Spinnmaschinen hergestellten Garnen. Przegl. włókienn. (Textil-Rdsch.) **26** (1972) 2, S. 69–72.

Smuts, S., Slinger, R. I., van der Merwe, J. F.: Der Einfluß gewisser Web- und Ausrüstungsvariablen auf die Knitterfestigkeit von Geweben aus gekämmter Wolle. J. Textile Inst. **63** (1972) 3, S. 171–176.

Ryder, M. L.: Einige ausländische Wolltextilien, ausgegraben in Neuseeland. J. Textile Inst. **63** (1972) 4, S. 208–211.

v. Hornuff, G., Mauer, W.: Vergrauung von Faserstoffen im System Perchloräthylen/Tensid/Wasser. Dt. Textiltechnik **22** (1972) 5, S. 290–294.

Meß- und Prüftechnik

Lord, J.: Entwurf einer Methode zur Bestimmung der Dimensionsänderungen während des Waschens. Vergleichsversuch zwischen Laboratorien. Textile Inst. Ind. **10** (1972) 3, S. 82–83.

Teodorescu, I.: Anwendung mathematisch-statistischer Methoden bei der Qualitätskonstrolle von Gewirken. Ind. textilă, Bucureşti (1972) 5, S. 275–281.

Francuskiewicz, F., Glöckner, G.: Zur Rolle der Brechungsindizes bei der Trübungstitration von Kopolymeren. Plaste u. Kautschuk **19** (1972) 6, S. 414–416.

Audivert, R., de Castellar, D.: Untersuchung der Korrelationen von mit dem Digitalfibrograph, dem Baer-Kammsortiergerät und dem photoelektrischen „Shirley"-Meßgerät erhaltenen Faserlängenparameter. Invest. Inform. textil, Tensioactivos, Barcelona **15** (1972) 1, S. 9–16.

Kostov, G., Michajlov, H., Minev, D., Čoleva, S. (Schreibw. i. Orig.: *Kostow, G., Michailow, H., Minew, D.*): Schnellverfahren und Gerät zur Bestimmung der wärmephysikalischen Eigenschaften von Polymeren. Plaste u. Kautschuk **19** (1972) 5, S. 359–360.

Ellis, P., Pogson, R. G.: Eine statistische und wirtschaftliche Untersuchung über Breiten- und Längenschwankungen der Nennmaße ausgerüsteter Stücke. Textile Inst. Ind. **10** (1972) 5, S. 136–141.

Nute, M. F., Pelton, W. R., Slater, K.: Die Varianz zwischen ultrakurzen Garnstücken. J. Textile Inst. **63** (1972) 4, S. 212–223.

Freeston, W. D., jr., Platt, M. M., Coskren, R. J.: Das Kraft/Dehnungsverhalten von Garnen bei hohen Belastungsgeschwindigkeiten. J. Textile Inst. **63** (1972) 5, S. 239–262.

Bediako, M. K. B., Ghosh, B. F.: Vorläufige Untersuchungen über die Bestimmung der schmutzentfernenden Eigenschaften von Seifen mittels kinetischen Werten. Textile Res. J. **42** (1972) 3, S. 147–149.

Archibald, L. B., Hill, B. J.: Ein abgewandelter Martindale-Gewebe-Scheuerprüfer. Textile Inst. Ind. **10** (1972) 3, S. 76–77.

Samson, A.: Die Messung der Faserverwirrung in vorgewaschener Wolle. J. Textile Inst. **63** (1972) 3, S. 177–179.

Standardisierung. Terminologie

Wisniewski, T.: Probleme der genormten technischen Information auf dem Gebiet der Plasteigenschaften. Polimery Warszawa **17** (1972) 2, S. 70–73.

Buck, G. S.: Entflammbarkeits-Standardisierung wird schwieriger. Textile Ind. **136** (1972) 3, S. 97–98.

Nall, A. F. B.: Die Bedeutung der textilen Standardisierung für die steigende industrielle Produktivität. Textile Inst. Ind. **10** (1972) 5, S. 148 bis 153.

VII. Betriebstechnik. Ökonomie. Tagungsberichte und dgl.. Sonderfragen

Betriebstechnik

Guse, R.: Die elektronische Datenverarbeitung in der Anwendungstechnik. Chemiefasern/Textilind. **22/74** (1972) 5, S. 401–404.

Fankhauser, H. P.: Datenerfassung und -verarbeitung in der Textilindustrie. On-line- und Off-line-Betrieb. Textil-Praxis internat. **27** (1972) 4, S. 201–204.

Strötz, Ch., Pawlitta, D.: Hat die Ölumlaufheizung Zukunft für den Textilreinigungsbetrieb? Textilreinigung **19** (1972) 5, S. 132–134.

Spohn, H.: Das Detergentienproblem – ein Beitrag zum Gewässerschutz. Tenside, München **8** (1971) 2, S. 79–81.

Liebmann, L.: Speisewasserpflege bei kleinen und mittleren Dampfkesselanlagen. Textilreinigung **19** (1972) 5, S. 135–137.

Ökonomie

Bunday, B. D., Jackson, A. H.: Die Nützlichkeit der Maschinenaufstellung, die von einem Arbeiter in zwei Richtungen begangen wird, wenn die Wegezeit konstant ist. J. Textile Inst. **63** (1972) 5, S. 281–287.

Kirschner, E., Baumgartner, A.: Zur Frage der Langzeitstabilität und Selektivität elektronischer Garnreiniger. Textil-Praxis internat. **27** (1972) 5, S. 267–272.

Kun, A.: Einige Kriterien und methodologische Betrachtungen zur Prognose in der Textilindustrie. Ind. textilă, Bucureşti **23** (1972) 5, S. 300–302.

ten Broeke, A. M.: Voraussage der textilen Wirtschaftszyklen und die Anwendung der Ergebnisse auf die Produktionsprogrammierung. Textile Inst. Ind. **10** (1972) 3, S. 73–75.

Magrini, G.: Chemiefaserstoffe im Jahre 1971. Textilia, Milano **48** (1972) 3, S. 61–65.

Welthandel und Weltproduktion von Farbstoffen. Chemiefasern/Textilind. **22/74** (1972) 5, S. 365–366.

Sonderfragen

Computer für die Dokumentation. Nachrichten Chemie Technik **20** (1972) 8, S. 150–151. In: Angew. Chemie **84** (1972) 8.

Informationszentrum in Moskau. Technik **27** (1972) 6, S. 366.

Aipperspach, Ch., Fobe, A.: Zur effektiven Gestaltung der zweiten Phase der Ingenieurausbildung. Textilreinigung **19** (1972) 5, S. 150–152.

Backer, St.: Die Nutzanwendung von Forschungsergebnissen. Textile Res. J. **42** (1972) 4, S. 203–207.

Beh, F.: Leitfaden der textilen Fertigung. Kenntnisse der Textilrohstoffe und -erzeugnisse. Textil-Praxis internat. **27** (1972) 5, S. 265–267.

Fischer, J.: Glasfaser-Gürtelreifen. VDI-Nachr. **26** (1972) 23, S. 19.

Bellinger, H.: Hygieneprobleme bei Leihwäsche. Bekleidungsmedizin **12** (1972) 2, S. 3–12.

Besondere Verwendung von Textilien. I. Tex, Doetinchem/Nd. **31** (1972) 1, S. 15–16, 19–22.

Florijn, J.: Besondere Verwendungen von Textilien. II. Tex, Doetinchem/Nd. **31** (1972) 2, S. 11–14.

FSC
www.fsc.org
MIX
Papier | Fördert gute Waldnutzung
FSC® C083411

Zeitfracht Medien GmbH
Ferdinand-Jühlke-Straße 7
99095 Erfurt, Deutschland
produktsicherheit@kolibri360.de